软土地区排水建设工程第三方监测技术指南

上海市城市排水有限公司　主编

同济大学 出版社
TONGJI UNIVERSITY PRESS

内 容 提 要

本书共分 6 章。第 1 章简要介绍排水建设工程第三方监测目的、意义以及相关规范规程。第 2 章介绍监测等级、监测方案、监测项目、监测报警值、监测频率以及监测报告等内容。第 3 章介绍监测信息化管理平台内容及应用实例。第 4 章详细介绍监测布点、实施以及监测仪器选择等内容。第 5 章通过工程实例详细介绍排水建设工程第三方监测实施过程。第 6 章从监测数据预测预报技术、监测信息管理与施工指导系统和基于 BIM 的基坑监测技术分析三个方面介绍工程安全监测技术以后的发展方向。

本书可供测绘、岩土、结构、给排水等领域的管理者、研究人员、技术人员参考学习,也可供高等院校相关专业的本科生、研究生参考阅读。特别适合从事基坑监测、变形观测的工程技术人员以及相关高校师生参考。

图书在版编目(CIP)数据

软土地区排水建设工程第三方监测技术指南/上海市城市排水有限公司主编. --上海:同济大学出版社,2015.12
ISBN 978-7-5608-6087-9

Ⅰ.①软… Ⅱ.①上… Ⅲ.①软土地区—排水工程—监测—指南 Ⅳ.①TU992-62

中国版本图书馆 CIP 数据核字(2015)第 284501 号

软土地区排水建设工程第三方监测技术指南
上海市城市排水有限公司 主编

策划编辑 赵泽毓 **责任编辑** 马继兰 **责任校对** 徐春莲 **封面设计** 陈益平

出版发行	同济大学出版社	www.tongjipress.com.cn
	(地址:上海市四平路 1239 号 邮编:200092 电话:021-65985622)	
经　销	全国各地新华书店	
印　刷	同济大学印刷厂	
开　本	787mm×1092mm 1/16	
印　张	10.5	
字　数	262 000	
版　次	2015 年 12 月第 1 版 2015 年 12 月第 1 次印刷	
书　号	ISBN 978-7-5608-6087-9	
定　价	55.00 元	

《软土地区排水建设工程第三方监测技术指南》

编 制 单 位

主编单位：上海市城市排水有限公司

参编单位：上海市城市建设设计研究总院

上海新地海洋工程技术有限公司

上海山南勘测设计有限公司

编 写 委 员 会

主　　任：顾　杨

副 主 任：沈日庚　王延华　吕东辉

委　　员（按姓氏笔划排序）：

丁　美　　毛海明　　白文波　　白占伟

孙亚峰　　刘　华　　刘建军　　关培志

陈建江　　陈晓晨　　李新同　　苏　维

郑勇波　　徐　冰　　徐冬宝　　徐敏生

姜铁军　　黄金明　　黄锡忠　　程晓龙

序

  城市排水是现代化城市不可缺少的重要基础设施,也是城市水污染防治和城市排渍、排涝、防洪的骨干工程。随着我国城市化、现代化进程的推进,城市排水已经成为城市经济发展中具有全局性、先导性影响的基础产业。新中国成立以来,尤其是改革开放以后,国家住房和城乡建设部及国家质量监督检验检疫总局会同有关部门为加强排水行业建设和管理,更好地促进和推进城市排水事业发展,制定了一系列政策法规和标准,明确要求在加快城市公共排水设施建设速度的同时,逐步建立起与城市发展相协调的城市排水体系,以及排污水单位应严格执行"节水、减污、净化、再用"的技术政策等,为城市排水建设工程产业化、信息化发展提供了相应实施措施和政策保障,也对排水建设工程监测方面的具体要求进行了详细说明。排水建设工程第三方监测对监督执行国家相关政策法规和标准、确保工程本体及施工影响区域内的环境安全、优化施工质量、推动排水建设工程信息化、产业化发展具有不可替代的作用。

  本指南编者在参照国家和地方排水工程建设相关政策、法规及行业标准的基础上,总结多年排水建设工程监测经验,针对排水建设工程的开槽埋管、顶管区间、深基坑、工作井以及泵房基坑各自的特点,从专业角度,对第三方监测的监测项目、监测频率、监测报警值、常用监测技术和仪器、监测信息化管理等方面进行了系统阐述和归纳。

  本指南可用于加强对排水建设工程的第三方监测专项管理,规范监测单位和相关单位的管理行为,明确监测工作的重点和要点。此外,通过提供实时观测数据为信息化施工和施工方案优化设计提供依据。随着我国城市排水工程建设产业化、信息化发展的深入,排水建设工程的第三方监测工作将会不断得到加强和完善。本指南的出版将有助于工程技术人员、高校师生在理论学习和工程实践中得到启迪和帮助,为我国城市排水建设工程的质量安全和施工优化作出贡献。

顾国荣

上海岩土工程勘察设计研究院有限公司副总裁

全国勘察大师

2015.9.8

目　录

1

排水建设工程第三方监测的目的和意义

1.1 第三方监测的目的

城市排水是现代化城市不可缺少的重要基础设施,是城市经济发展具有全局性、先导性影响的基础产业,也是城市水污染防治和城市排渍、排涝、防洪的骨干工程。

我国城市排水工程建设历史悠久,秦代已有用于排除城市雨水的管渠。历代帝王的京都大多建造了较为完整的排水系统。但是解放前排水工程的发展是缓慢的。新中国成立之前,我国城市排水设施仅有局部雨污水合流制管道。新中国成立后,城市排水工程建设得到了发展。国务院相继成立了建筑工程部和城市建设部,作为城市排水工程规划、设计、施工、设施运行的政府主管部门。

"八五"期间国家为加强排水行业建设和管理,更好地促进和推进城市排水事业的发展,制定了相应政策法规及标准。1991年,制定了《城市排水当前产业政策实施办法》,规定城市排水的发展要"以国家当前产业政策为导向,加快城市公共排水设施建设的速度,逐步建立起与城市发展相协调的城市排水体系","城市排水应统一规划,纳入国家和各级人民政府的建设规划。与城市建设协调发展"的基本原则及排污水单位应执行"节水、减污、净化、再用"的技术政策,同时对发展序列、保障政策和实施措施等也做了明确规定。为推动产业政策实施颁发了《关于加快城市污水集中处理工程建设的若干规定》对污水处理工程建设的有关问题做了规定。2008年,住房和城乡建设部和国家质量监督检验检疫总局联合发布了《给水排水管道工程施工及验收规范》,对排水工程监测方面进行了详细说明。

上海市污水治理白龙港片区南线输送干线完善工程包括南线东段输送干管、浦西过江管及连接管、浦东收集支线三部分内容,项目建设地点为浦东新区和闵行区。设计规模为:旱季污水量 220 万 m^3/d,雨季流量 43.71 m^3/s。其中南线东段输送干管部分,工程采用 $2 \times DN4000$ 顶管,利用 SB 泵站输送至白龙港污水处理厂,干管总长约 26.1 km,为国内直径最大、距离最长的顶管施工工程项目。

排水建设工程第三方监测是指在排水建设施工期间,业主委托独立于设计、施工和监理,依据相应规程和条款,对工程本体及施工影响区域内重要的建筑物、管线和地层位移实施的独立监测工作,是业主为确保工程本体及施工影响区域内的环境安全而采用的一种先进管理模式、排水建设工程第三方监测的主要目的和任务是:

(1)第三方监测侧重于环境安全,监测项目以保证环境安全为基础进行统筹安排,兼顾施工安全。

（2）第三方监测具有监督校验施工方监测数据是否真实可靠的职能，并对施工监测的方案、仪器、人员和数据处理分析进行审查并进行技术指导。

（3）第三方监测在数据采集的基础上，要对监测数据进行综合分析和预测，进行预警、报警，并将监测报告和分析报告及时提交业主、监理和安全风险管理组，为安全风险管理决策提供技术支持。

（4）当施工影响区内发生环境破坏的投诉事件时，第三方监测单位提供独立、客观、公正的监测数据，作为有关机构评定和界定相关单位责任的依据。

1.2　第三方监测的相关规范规程

《建筑基坑工程监测技术规范》（GB 50497—2009）是我国首次编制的关于建筑基坑工程监测的国家标准，由国家住房和城乡建设部 2009 年第 289 号公告，批准为国家标准。该标准是根据原建设部《关于印发"2006 年工程建设标准规范制定、修订计划（第一批）"的通知》（建标 E2006177 号）的要求进行编制的，由济南大学会同 9 个单位共同编制完成，为确保基坑工程监测质量提供了操作性强的技术依据，对保证建筑基坑工程安全、保护基坑周边环境具有重要意义。

《给水排水工程顶管技术规程》（CECS 246：2008）是根据中国工程建设标准化协会（2000）建标字第 15 号《关于印发中国工程建设标准化协会 2000 年第一批推荐性标准制、修订计划的通知》要求而制定的。《中国工程建设协会标准（CECS 246：2008）：给水排水工程顶管技术规程》是根据国家标准《建筑结构可靠度设计统一标准》（GB 50068）和《工程结构可靠度设计统一标准》（GB 50153）规定的原则，采用以概率理论为基础的极限状态设计方法编制的，并与有关的结构专业设计规范协调一致。

《给水排水管道工程施工及验收规范》（GB 50268—2008）根据建设部《关于印发（二〇〇四年工程建设国家标准制订、修订计划）的通知》（建标〔2004〕67 号）的要求，由北京市政建设集团有限责任公司会同有关单位对《给水排水管道工程施工及验收规范》（GB 50268—97）进行修订而成。在修订过程中，对给水排水管道工程施工进行了深入的调查研究和专题研讨，总结了我国各地给水排水管道工程施工与质量验收的实践经验，坚持了"验评分离、强化验收、完善手段、过程控制"的指导原则，参考了有关国内外相关规范，并以多种形式广泛征求了有关单位的意见，最后经审查定稿。该规范规定的主要内容有：总则、术语、基本规定、土石方与地基处理、开槽施工管道主体结构、不开槽施工管道主体结构、沉管和桥管施工主体结构、管道附属构筑物、管道功能性试验及附录。

《给水排水构筑物工程施工及验收规范》（GB 50141—2008）经中华人民共和国住房和城乡建设部批准，在 2009 年 5 月 1 日开始施行。本规范根据建设部《关于印发（二〇〇四年工程建设国家标准制订、修订计划）的通知》（建标〔2004〕67 号）的要求，由北京市政建设集团有限责任公司会同有关单位对《给水排水构筑物施工及验收规范》（GBJ 141—1990）进行修订而成。该规范规定的主要内容有：给水排水构筑物工程及其分项工程施工技术、质量、施工安全方面规定；施工质量验收的标准、内容和程序。

总体而言,第三方监测依据的相关国家或行业标准有:

(1)《建筑基坑工程监测技术规范》(GB 50497—2009)

(2)《工程测量规范》(GB 50026—2007)

(3)《国家一、二等水准测量规范》(GB 12897—2006)

(4)《建筑变形测量规范》(JGJ 8—2007)

(5)《岩土工程勘察规范》(GB 50021—2009)

(6)《建筑地基基础设计规范》(GB 50007—2012)

(7)《建筑基坑支护技术规程》(JGJ 120—2012)

第三方监测相关的上海市地方标准或规定有:

(1)上海市《基坑工程施工监测规程》(DG/TJ 08—2001—2006)

(2)上海市《岩土工程勘察规范》(DGJ 08-37—2012)

(3)上海市《地基基础设计规范》(DGJ 08-11—2010)

(4)上海市《基坑工程技术规范》(DBJ 08-61—2010)

(5)上海市《地基处理技术规范》(DBJ 08-40—2010)

排水建设工程管理性文件、企业标准有:

(1)上海市《深基坑工程管理规定》(沪建交〔2006〕105 号)

(2)《给水排水工程顶管技术规程》(CECS 246:2008)

(3)《给水排水管道工程施工及验收规范》(GB 50268—2008)

(4)《给水排水构筑物工程施工及验收规范》(GB 50141—2008)

从国家和地方监测技术标准的现状可以看出,与监测相关的规程规范数量很多,充分说明了国家、地方和企业对这一领域的重视。

1.3　第三方监测的意义

为了确保排水工程建设本身的安全,同时为了减少对周边环境的不利影响(邻近或穿越建筑物、排水工程在建及既有线结构、桥梁及地下管线等),在工程的施工期,除了采用必要的工程设计和施工措施外,应根据排水工程性质特点、地质条件的差异、周边环境的复杂性,进行全面而又有针对性的第三方监测工作,用监测所得数据来指导施工和减小风险,以保证工程和环境的安全。

大量的工程实践表明,由于排水工程施工工艺的特殊性、地质条件复杂性,加之城市排水常常从密集城市建筑群中穿越,排水工程施工期不发生任何险情的概率很小;如果为了杜绝风险事件的发生,采取极为保守的设计原则与施工措施,则工程造价极高,不符合我国国情,且也是不必要的。工程建设期间实施监测,可以通过对监测数据的动态分析预先发现险情,及时向相关方报警,以便采取积极措施,将损失降低到最小限度。因此,施工监测犹如保护排水工程安全的“眼睛”,开展排水施工监测工作是保证工程安全建设的必要措施,具有十分现实而深远的意义。

第三方监测时常也称作第三方检测,在测量工程当中常被称作第三方监测,为保证工程项目有序施工和日后项目健康运营,实施第三方监测对于工程项目具有重要意义。

首先,开展第三方监测工作可以实现信息及时反馈,可随时掌握工程项目临近建(构)筑物的变形情况以及土层(位移)和(围护)支护结构的内力变化,并将监测结果与设计值进行对比分析,以检查和优化下一步施工工艺,达到信息化施工的目的,辅助工程决策。其次,监测工作可以验证基坑开挖方案以及环境保护方案的正确性,以便能正确地分析问题,并采取相应措施,达到保护基坑周围环境的目的。同时,每个工程场地地质条件不同、施工工艺不同和周边环境不同,可以通过对监测数据进行分析、研究,完善、修改、补充设计方案,通过对施工单位监测工作的监督和检核,保障施工监测的正常进行,检验施工组织设计理论的正确性。最后,在处理排水建设工程施工中出现的问题时,第三方监测数据将起到公正性作用。

在排水工程项目实施和运营过程中,第三方监测具有以下工作意义。

(1)将排水工程项目监测数据与预测值相比较。判断前一步施工参数是否符合预期要求,同时检验设计所采取的各种假设和参数的正确性,以确定和优化下一步的施工参数,做到信息化施工。

(2)将排水工程项目监测结果用于反馈优化设计,为项目改进设计提供依据。基坑工程设计方案的定量化预测计算是否真正反映了工程实际情况,只有在方案实施过程中才能获得最终的答案,其中现场监测是确定上述数据的重要手段。由于各种场地地质条件不同、施工工艺不同和周边环境不同,设计计算中未曾计入的各种复杂因素,都可以通过对现场的检测结果进行分析、研究,加以局部的修改、补充和完善,如此才能完成施工项目的优化设计。

(3)为排水工程项目施工开展提供及时的反馈信息。通过监测随时掌握土层和支护结构的内力变化情况,以及临近建(构)筑物的变形情况,提供客观正确的数据,将监测数据与设计预估值进行分析对比,以判断前一步施工工艺和施工参数是否符合预期值,以确定优化下一步施工参数,以此达到信息化施工的目的,使得监测数据和成果成为现场施工工程技术人员判断工程是否安全的依据,成为工程决策机构的"眼睛"。

(4)通过对排水工程项目监测数据的相关分析和信息反馈,掌握施工过程中结构受力与变形的关系,及时修正设计和指导施工,进行信息化施工,对施工过程进行有效的预测和控制,及时优化施工工序和调整施工措施,以确保施工效果,施工安全及提高施工工艺水平,使基坑支护结构的设计和施工既安全可靠又经济合理。

(5)排水工程项目基坑施工第三方监测还起到检核和指导施工单位的基坑监测数据的作用,保证在整个施工过程中施工监测能正常工作。通过对基坑和周边建(构)筑物等的监测,及时了解它们的现状和变形情况,根据现场监测数据与设计值进行比较,当达到或超过警戒变形值时及时报警,必要时采取有力措施,确保基坑支护结构和周边重要建(构)筑物的稳定与安全。

(6)为日后的排水工程项目实施积累工程经验、监测数据,为今后类似工程设计与施工提供参考数据,为提高基坑工程的设计和施工的整体水平提供依据。

(7)为业主提供及时信息,以便业主对整个项目进行科学化管理,排水建设工程第三方监测项目是受业主直接委托,在出现事故时,第三方监测数据起到公正性作用。

本书编者总结多年的排水建设工程监测经验,针对排水建设工程的开槽埋管、顶管区间、深基坑、工作井以及泵房基坑各自的特点,从专业角度,对第三方监测的监测项目、监测频率、监测报警值、常用监测技术和仪器、监测信息化管理等方面进行系统详细的归纳。同时，选取一个排水工程监测典型案例，分别从工程概况、监测方案、监测实施、数据分析等方面进行翔实地阐述，完整演绎排水建设工程第三方监测的关键工作步骤和方法。

为加强对排水建设工程的第三方监测专项管理，规范监测单位和相关单位的管理行为，明确监测工作的重点和要点，为信息化施工和优化设计提供依据，使监测工作技术先进、经济合理、成果可靠，根据相关标准规范制定本指南。本指南所称排水建设工程第三方监测，是指排水建设过程中，对涉及工程安全的部位和周边环境，采用专业工程测量仪器和各类传感器进行日常观测和变形测量，并采用信息化手段对监测数据进行汇总整理、分析和上报的工作。建设单位应当确定具有相应资质的、与所监测工程施工单位没有隶属或利害关系的监测单位，对工程的本体和周边受施工影响的环境进行监测。

2

排水建设工程第三方监测概述

排水建设工程开挖深度超过 5 m 的基坑(工作井、接收井、泵房、沉井、进出水箱涵)、区间(顶管区间、盾构区间、开槽埋管),或虽然开挖深度未超过 5 m,但周围环境和地质条件复杂的基坑、区间等排水建设工程均应实施第三方监测。

2.1 监测等级

排水建设工程第三方监测分为基坑工程监测和区间监测,监测等级应由设计单位给定。排水建设基坑工程(工作井、接收井、泵房、沉井、进出水箱涵)监测等级应参照上海市《基坑工程施工监测规程》(DG/TJ 08-2001—2006),根据基坑工程安全等级表 2-1 和周边环境等级表 2-2 划分。

表 2-1　　　　　　　　　　　基坑工程安全等级划分

基坑工程安全等级	破坏后果、基坑开挖深度
一级	破坏后果很严重或基坑开挖深度大于等于 12 m
二级	破坏后果严重或基坑开挖深度介于 7~12 m
三级	破坏后果不严重或基坑开挖深度小于 7 m

表 2-2　　　　　　　　　　　周边环境等级划分

周边环境等级	周边环境条件
特级	离基坑 H 范围内有轨道交通、共同沟、大直径(大于 0.7 m)煤气(天然气)管道、输油管线、大型压力总水管、高压铁塔、历史文物、近代优秀建筑等重要建构物及设施
一级	离基坑 H~$2H$ 范围内有轨道交通、共同沟、大直径煤气(天然气)管道、输油管线、大型压力总水管、高压铁塔、历史文物、近代优秀建筑等重要建构物及城市重要道路或重要市政设施
二级	离基坑 $2H$ 范围内存在一般地下管线、大型建(构)筑物、一般城市道路或一般市政设施等
三级	离基坑 $2H$ 范围内没有需要保护管线或建构物及设施等

注:H 为基坑开挖深度。

综合基坑工程安全等级和周边环境等级,基坑工程监测等级按表 2-3 可分为四级。

表 2-3　　　　　　　　　　　　　　基坑工程监测等级

基坑工程监测等级	基坑工程安全等级	周边环境等级
特级	一级	特级
一级	一级～二级	特级～一级
二级	二级～三级	一级～二级
三级	三级	三级

　　排水建设工程区间(顶管区间、盾构区间、开槽埋管)监测等级按照工程环境安全等级划分为三级,详见表 2-4 区间监测等级。

表 2-4　　　　　　　　　　　　　　区间监测等级

区间监测等级	工程环境描述
一级	穿越(或区间正上方至外侧 $0.7H_i$ 范围内存在)运营中的城市轨道交通、高速铁路等重要轨道交通线路及道路隧道、上水、燃气等压力干管、原水箱涵、市政排水总管、输油管、高压电缆、江河两岸防汛堤以及处于建设期的地铁盾构隧道(包括盾构掘进中的后方隧道,附近已经完成的隧道等)
	穿越(或区间正上方至外侧 $0.7H_i$ 范围内存在)密集居民建筑、保护建筑及沉降极敏感建筑等
二级	穿越(或区间外侧 $0.7H_i\sim1.0H_i$ 范围内存在)城市干道路基、重要建(构)筑物及市政道道、江河水道等
三级	一般环境条件,包括空旷地段

注: H_i——顶管或隧道底埋深(m)。

　　各监测等级的监测要求见表 2-5。

表 2-5　　　　　　　　　　　　　　监测等级及要求

监测等级 ＼ 内容	测点位置	测试手段与精度
特级	建(构)筑物边线角点布置,对被保护的地铁隧道轴线沉降测点及各类地下管道,必须布置直接沉降测点	必须采用自动监测与采集仪器,监测点测站高差中误差±0.05 mm
一级	建(构)筑物边线角点布置,对被保护的各类地下管道,条件允许时应布置直接沉降测点	人工监测,监测点测站高差中误差±0.15 mm,必要时采用自动监测与采集仪器
二级	建(构)筑物边线角点布置,对被保护的各类地下管道,宜布置直接沉降测点	人工监测,监测点测站高差中误差±0.5 mm
三级	建(构)筑物边线角点布置	人工监测,监测点测站高差中误差±1.5 mm

2.2　监测方案

1. 监测单位在现场踏勘、资料收集阶段的主要工作内容

监测单位在现场踏勘、资料收集阶段的主要工作应包括以下内容:

（1）进一步了解委托方和相关单位的具体要求；

（2）收集工程的岩土工程勘察及气象资料、地下结构和基坑工程的设计资料，了解施工组织设计（或项目管理规划）和相关施工情况；

（3）收集周围建筑物、道路及地下设施、地下管线的原始和使用现状等资料。应采用记录、拍照或录像等方法保存有关资料；

（4）了解相关资料与现场状况的对应关系，确定拟监测项目现场实施的可行性；

（5）了解相邻工程的设计施工情况。

监测单位应在现场踏勘和收集相关资料基础上，依据项目部、设计及其他相关单位的要求、相关规范编制监测方案；监测方案须经建设、设计、施工单位、监理等相关单位认可后方能实施。

2. 委托方及相关方应向监测单位提供的资料

（1）工程地质勘察报告；

（2）基坑围护、顶管/盾构、开槽埋管区间设计资料及图纸、施工组织设计；

（3）施工影响范围内的道路、管线及周边建（构）筑物等资料；

（4）委托方及设计人员提出的监测要求。

3. 监测方案包括的内容

（1）工程概况；

（2）建设场地岩土工程条件及周边环境状况；

（3）监测依据及监测目的；

（4）监测项目；

（5）监测点布置；

（6）监测方法及技术要求；

（7）监测人员及主要仪器设备；

（8）监测频率；

（9）监测报警值；

（10）监测异常情况下的应急措施；

（11）监测数据的记录制度和处理方法；

（12）工序管理及信息反馈制度；

（13）质量、安全管理措施。

监测方案同时要针对项目特点进行重点、难点分析，并提出相应防范措施，针对施工过程中可能出现的异常情况，应制订相应的监测应急预案。

2.3 监测项目

排水建设工程施工前应对周边建（构）筑物和有关设施的现状、裂缝开裂情况及邻近房屋倾斜情况等进行前期调查，详细记录或进行拍照、摄像，作为施工前档案资料。基坑监测前期调查范围宜达到基坑边线以外 3 倍基坑开挖深度，顶管/盾构区间监测前期调查范围宜达到轴线两侧各 1.5 倍区间底埋深范围内。调查结果应形成调查报告并提交相关各方。

排水建设工程施工前对需要检测的房屋应请有房屋检测资质的单位实施,具体检测范围及要求可根据工程影响和保护要求确定。施工前检测单位提交的检测报告应告知被检测房屋的业主,并需经被检测房屋的业主确认。

基坑监测范围宜达到基坑边线以外2倍以上基坑深度,区间监测范围宜达到轴线两侧各1倍区间底埋深范围以外,有重要建(构)筑物时应扩大监测范围,并符合工程保护要求的规定,或按工程设计要求确定。

工程监测对象的选择应在满足工程支护结构安全和周边环境保护要求的条件下,针对不同的施工方法,根据支护结构设计方案、周边土体及环境条件综合确定。监测对象宜包括以下内容:基坑支护结构、立柱、支撑等;工程周围地表、地下水、建(构)筑物、地下管线、城市道路、桥梁、既有地铁、铁路等。

监测项目的设置应采用关键部位优先、兼顾全面的监控原则,不同监测项目之间能建立相互校验机制,运用仪器监测与人工巡检相结合的方法,形成体系完整、行之有效的四维监控体系。

2.3.1 基坑工程监测项目

排水建设工程基坑围护体系监测项目宜根据工程安全等级参照表2-6选用。周边环境监测项目宜根据基坑工程环境保护等级参照表2-7选用。

表2-6　　　　　　　　　　　　　　　基坑围护体系监测项目

序号	施工阶段 围护形式和安全等级 监测项目	坑内加固体施工和预降水阶段 —	基坑开挖阶段					
			放坡开挖	复合土钉支护	水泥土重力式围护墙	板式支护体系		
			三级	三级	二级	三级	一级	二级	三级
1	围护体系观察	—	√	√	√	√	√	√	√
2	围护墙(边坡)顶部竖向、水平位移	●	√	√	√	√	√	√	√
3	围护体系裂缝	—	—	√	—	√	√	√	√
4	围护墙深层水平位移(测斜)	●	—	●	√	●	√	√	√
5	围护墙侧向土压力	—	—	—	—	—	●	●	—
6	围护墙内力	—	—	—	—	—	●	●	—
7	支撑内力	—	—	—	—	—	√	√	●
8	立柱竖向位移	—	—	—	—	—	●	●	—
9	坑底隆起	—	—	—	●	—	●	●	—
10	基坑内地下水水位	●	●	●	●	●	●	●	●

注:① √必测项目;●选测项目(视监测工程具体情况和相关方要求确定)。

　　② 逆作法基坑施工除应满足一级板式围护体系监测要求外,尚应增加结构梁板体系内力监测和立柱、外墙垂直位移监测。

表 2-7   周边环境监测项目

序号	施工阶段 / 基坑工程环境保护等级 / 监测项目	土方开挖前			基坑开挖阶段		
		一级	二级	三级	一级	二级	三级
1	邻近建(构)筑物竖向位移	√	√	√	√	√	√
2	邻近建(构)筑物水平位移	●	●	—	●	●	●
3	邻近建(构)筑物倾斜	√	●	●	√	●	●
4	邻近建(构)筑物裂缝(如有)	√	√	√	√	√	√
5	邻近地下管线水平及竖向位移	√	√	√	√	√	√
6	地表竖向位移	√	√	●	√	√	●
7	基坑外侧地表裂缝(如有)	√	√	√	√	√	√
8	坑外土体深层水平位移(测斜)	●	●	—	●	●	—
9	坑外土体分层竖向变形	●	—	●	●	●	●
10	基坑外地下水水位	√	√	√	√	√	√
11	孔隙水压力	●	—	●	●	●	—

注:① √ 必测项目;●选测项目(视监测工程具体情况和相关方要求确定)。
　　② 土方开挖前是指基坑支护结构体施工、预降水阶段。

2.3.2　区间工程监测项目

排水建设工程区间(顶管区间、盾构区间、开槽埋管)施工期间,主要针对周边环境进行监测,监测项目如下:

(1)地表竖向位移;

(2)周边管线变形;

(3)建(构)筑物裂缝、倾斜、竖向位移;

(4)相关单位要求的其他内容。

2.3.3　现场巡查

排水建设工程施工期间,应由有经验的监测人员每天对基坑工程的支护结构、施工工况、周边环境及监测设施进行巡视检查。并将巡视记录写入施工记录。基坑或者区间施工期间的各种变化,会导致地面或者围护本身的表面发生一定变化(如裂缝、塌陷、渗水等),加强巡视检查是预防基坑工程事故非常简便、经济而又有效的手段。巡视检查主要以目测为主,也可以配以简单的工器具。巡视检查主要有以下四方面内容。

1. 围护结构

(1)围护结构成型质量;

(2)冠梁、围檩、支撑有无裂缝出现;

(3)止水帷幕有无开裂、渗漏;

(4)墙后土体有无裂缝、沉陷及滑移;

(5)基坑有无涌入土、流沙、管涌。

(6) 区间出现较大的沉陷、渗漏及水土流失，尤其在砂性地层。

2. 施工工况

(1) 开挖后暴露的土质情况与岩土勘察报告有无差异；

(2) 基坑开挖分段长度、分层厚度及支锚设置是否与设计要求一致；

(3) 场地地表水、地下水排放状况是否正常，基坑降水、回灌设施是否运转正常；

(4) 基坑周边地面有无超载。

3. 周边环境

(1) 周边管线有无破损、泄漏情况；

(2) 周边建筑有无新增裂缝出现；

(3) 周边道路(地面)有无裂缝、沉陷；

(4) 邻近基坑及建筑的施工变化情况。

4. 监测设施

(1) 基准点、监测点完好状况；

(2) 监测元件的完好及保护情况；

(3) 有无影响观测工作的障碍物。

5. 根据设计要求或当地经验确定其他的巡视检查内容

2.4 监测频率

排水建设工程第三方监测应涵盖排水建设工程施工的各个阶段，基坑应从基坑围护结构施工前两周测定初始值开始，直至施工至回填土结束为止；区间监测应从加固区加固开始至顶管/隧道贯通验收结束。如有特殊要求可根据需要延长监测期限。

监测频率的确定应以准确反映基坑围护结构、区间本身及周边环境动态变化为前提，采用定时监测，必要时进行跟踪监测。若施工中出现变形速率超过警戒值的情况，应进一步加强监测，缩短监测时间间隔，为改进施工参数和实施变形控制措施提供必要的实测数据。

一般情况下，基坑监测的频率设置参照《建筑基坑工程监测技术规范》(GB 50497—2009)中表 7.0.3 确定，如表 2-8 所示。

表 2-8 　　　　　　　　　　　　　　基坑工程监测频率

基坑监测等级 施工工况	一级	二级	三级
施工前	至少测 2 次初值	至少测 2 次初值	至少测 2 次初值
桩基施工	1 次/3 d	1 次/7 d	1 次/7 d
围护结构施工	1 次/1 d	1 次/2 d	1 次/2 d
地基加固和降水	1 次/3 d	1 次/7 d	1 次/7 d
开挖 0～4 m	1 次/2 d	1 次/2 d	1 次/1 d
开挖 4～7 m	(1～2)次/d	(1～2)次/d	1 次/1 d
开挖 7～12 m	1 次/1 d	1 次/1 d	—
开挖 ≥ 12 m～浇垫层	2 次/1 d	—	—

续 表

施工工况 \ 基坑监测等级	一级	二级	三级
浇好垫层~浇好底板后 7 d 内	1 次/1 d	1 次/2 d	1 次/3 d
浇好底板后 7~30 d 内	1 次/2 d	1 次/7 d	1 次/15 d
浇好底板 30~180 d	1 次/7 d	1 次/15 d	—

注：① 本表宜用于制定坑周建(构)筑物变形、邻近管线变形、坑周地表沉降以及基坑挡墙水平位移的监测频率。对其余监测项目的监测频率，尚应根据设计要求和现场实际情况选定。
② 在各道支撑拆除期间的监测频率应为 1 次/d。
③ 发生异常情况时应加密监测频率。

顶管/盾构区间监测频率如表 2-9 所示。

表 2-9　　　　　　　　　区间地下管线、建构筑物及地表监测频率

监测时段	监测频率
机头前 20 m 及机尾后 40 m 范围内监测点的监测	2 次/d
机尾拖出 40 m 后监测点的监测	1 次/d
机尾拖出后监测点变形速率小于 0.5 mm/d	1 次/(5~10)d
穿越重要管线、重要建构筑物时	每天不少于 4 次或跟踪监测

注：① 在机头前 20 m 及机尾后 40 m 范围内，如发生异常情况应加密监测频率。
② 机尾拖出后地下管线、建构筑物监测点，根据变形速率调整监测频率，直至变形收敛稳定。
③ 发生异常情况时应加密监测频率。

当出现下列情况之一时，应加强监测，提高监测频率，并及时向相关单位报告监测结果：

(1) 监测数据达到报警值；

(2) 监测数据变化量较大或者速率加快；

(3) 存在勘察中未发现的不良地质条件；

(4) 超深、超长开挖或未及时加撑等未按设计施工；

(5) 基坑及周边大量积水、长时间连续降雨、市政管道出现泄漏；

(6) 基坑附近地面荷载突然增大或超过设计限值；

(7) 围护结构出现开裂；

(8) 周边地面出现突然较大沉降或严重开裂；

(9) 邻近的建(构)筑物出现突然较大沉降、不均匀沉降或严重开裂；

(10) 基坑底部、坡体或支护结构出现管涌、渗漏或流沙等现象；

(11) 工程发生事故后重新组织施工；

(12) 出现其他影响工程及周边环境安全的异常情况。

当有危险事故征兆时，应实时跟踪监测。

2.5　监测报警值

监测报警值按监测项目的性质分为变形监测报警值和力学监测报警值。变形监测报警值由变化速率与累计变化量两个值控制；力学监测报警值应由最大值或最小值控制。监测报警值不应超过设计控制值和监控对象的控制要求。监测报警值应由设计单位确定，某些

环境保护监测项目的报警值除由设计方提出一个基本值后,尚需各方协调确定。

基坑围护体系的监测报警值应根据基坑等级、支护结构的特点、场地地质条件等因素确定,如无具体的报警值时,可参照表 2-10 的建议值。

表 2-10　　　　　　　　　　　　　　　基坑监测项目报警建议值

监测项目＼监测等级	一级		二级		三级	
	变化速率/ $(mm \cdot d^{-1})$	累计值/ mm	变化速率/ $(mm \cdot d^{-1})$	累计值/ mm	变化速率/ $(mm \cdot d^{-1})$	累计值/ mm
围护墙顶变形	2～3	(0.2%～0.3%)H	3～4	(0.3%～0.5%)H	4～5	(0.6%～0.7%)H
围护墙侧向变形	2～3	(0.3%～0.4%)H	3～4	(0.5%～0.6%)H	4～5	(0.7%～0.8%)H
地面垂直位移	2～3	(0.2%～0.3%)H	3～4	(0.3%～0.5%)H	4～5	(0.6%～0.7%)H
立柱垂直位移	2～3	(0.1%～0.2%)H	3～4	(0.3%～0.4%)H	3～4	(0.5%～0.6%)H
孔隙水压力	(60%～70%)f_1		(70%～80%)f_1			
土压力						
支撑轴力	(60%～70%)f_2		(70%～80%)f_2			
锚杆(土钉)拉力						
桩、墙、柱内力						

注:① H 为基坑开挖深度,f_1 为荷载设计值,f_2 为构件承载能力设计值;
　　② 如变化速率连续两天达到报警值的 80%,也应作为报警处理。

区间报警值可参照表 2-11 的建议值。

表 2-11　　　　　　　　　　　区间监测项目报警建议值

监测项目＼监测等级	地面沉降	
	变化速率/$(mm \cdot d^{-1})$	累计量/mm
一级	3	30
二级	4	40
三级	5	50

周边环境监测项目的报警值应根据监测对象的主管部门的要求确定,当无具体报警值时,可参照表 2-12 的建议值执行。

表 2-12　　　　　　　　　　周边环境监测项目报警建议值

监测对象	监测项目		变化速率/ $(mm \cdot d^{-1})$	累计值/ mm	备注
管线位移	刚性管道	压力管	1～3	10～20	
		非压力管	3～5	10～30	
	柔性管道		3～5	10～40	
	地下潜水水位变化		300	1 000	
	邻近建(构)筑物垂直位移		1～3	10～40	根据建(构)筑物对变形的 适应能力确定
	邻近建(构)筑物倾斜		0.000 1H	2‰	倾斜连续 3 d 速度 大于 0.000 1H

续　表

监测对象 / 监测项目		变化速率/ (mm·d⁻¹)	累计值/ mm	备注
裂缝宽度	建(构)筑物	1～3	持续发展	
	地表	10～15	持续发展	

注:① 管线的变形控制指标应考虑差异沉降的控制要求。
　　② 建(构)筑物的变形控制指标应满足相关规范中关于倾斜控制的要求。
　　③ H 为建筑承重结构高度。

2.6　信息反馈及时限

　　基坑工程中监测数据所含的信息的价值因时间的推延会逐步降低。所以反馈贵在"及时"两字,其次才是准确和完整。若昨天所测的数据到今天才由监测单位报出,而在实际结构或环境中,该报出之时的状态已不是报表中的数值所表示的状态;若结构和环境一旦发生险情的迹象,由于监测数据反馈的不及时而酿成事故,更是监测的重大失职。"过时"的数据,除可供存档备查外,在工程进展中实用价值骤减。

　　所以在监测方案(或监测实施计划)中,一定要规定监测信息反馈的时限要求,应在现场监测操作完成后的 3～4 h 内反馈(或在委托方要求的时限内反馈),最迟不能超过当天。

　　若数据遇"报警"的情况,在监测方核对无误后,立刻用尽可能快的速度反馈基本信息给委托方(如口头或电话通知),让委托方可以在最有利的时间内处理险情,同时应以最快速度将当日的数据报告提供给委托方。"报警"时的信息反馈流程亦应在监测方案中明确规定。

　　在必要时或有条件时,可应用自动化监测技术,实现计算机控制下的连续监测和远程实时数据显示(反馈)。

2.7　监测报表和报告编制

　　监测原始记录应确保真实和准确,严格复核程序,履行签字确认手续;监测报表和汇总报告应有详细的数据分析,应有明确的评价意见和后续施工措施建议。周边环境的调查报告和监测的原始数据至少保留 5 年,对业主有特殊需要的监测数据和资料需延长保存时间。

　　基坑工程周边环境测点应在工程活动影响前完成测点埋设和初值测量工作,基坑本体监测点随围护结构施工进度及时埋设,在基坑开挖前测得初值;盾构区间工程的轴线点及周边环境测点应在盾构出洞前完成。测点由工程监测单位埋设。为确保监测数据的连续性、真实性,确保工程及环境安全,严禁阶段性"归零"。

　　监测报表和报告包括监测日报表(速报)、中间报告(阶段)和总结报告。其中,以日报表最为重要,通常作为施工调整和安排的依据。国标和地方标准对基坑监测成果及报表规定较多,内容也很明确;对区间的报表内容尚无明确要求,可参考基坑监测报表要求编制。

2.7.1　监测报表和报告的格式

　　监测日报表由标题、题头、监测内容、必要的说明和落款 5 部分组成。其中,标题标明监测内容;题头包括工程名称、工程编号、天气情况、监测日期、观测人、计算人、校核人签字等;必要的说明包括监测数据正负号的约定、施工工况及施工工况简图等;落款标明监测单位。监测内容是报表的主要部分,通常包括监测点编号、本次值、累计值、较上次的增量值等,测斜应绘制深层水平位移随深度变化的曲线,水位监测还要给出初始值,若有报警应加盖报警专用章;如有可能,日报表中还应配上测点位置图和数据变化曲线,使工程决策管理人员能快速有效地了解现场情况。报表中的数据不得随意改动。如确需改动,须有改动人、项目负责人签字确认。

日报表提交的单位一般包括业主、施工单位、监理单位及相关单位(需征得业主同意),在确保数据准确的前提下,提交时间越早越好,真正对信息化施工提供准确有效的信息。

中间报告(阶段)应根据业主要求的时间或施工节点进行编写,该报告应包括但不限于下列内容:

(1)相应阶段的施工概况及施工进度;

(2)相应阶段的巡检信息、监测项目和监测点布置图;

(3)对各项监测数据与巡检信息进行汇总、整理、统计、分析与说明,并绘制成有关图、表;

(4)监测报警情况及施工处理措施;

(5)对在不同工况、不同时间的基坑支护体系、区间和周边环境的变化趋势进行描述、分析,并提出相关建议;

(6)工程负责人、审核人签字。

监测报告一般在监测工作全部完成后,由监测单位项目负责人组织撰写,从更高的层面、更长的时间跨度内对监测工作进行系统回顾和总结。监测报告内容应包括文字报告和图表两大部分:

1. 文字报告

(1)工程概况:①工程地点和建设、设计、施工、监理单位名称;②基坑工程及周边环境概况;③支护结构设计概况;④工程地质概况。

(2)监测的风险及监测目的;

(3)监测内容及确定依据;

(4)监测历程及监测工作量;

(5)监测设备;

(6)监测点布置;

(7)监测方法;

(8)监测频率与报警值;

(9)监测成果分析:主要包括对各监测项目完整的监测曲线和变化规律的总结与分析;

(10)结论与建议;

(11)工程负责人或报告编写人、审核人、批准人签字。

2. 图表部分

(1)监测点平面布置图;

(2)各监测项目特征变化曲线图;

（3）各监测项目监测成果汇总表。

监测报告连同监测方案、监测原始数据及报表等构成监测工作的完整资料，监测工作结束后应及时归档。

2.7.2 报表的解读

根据监测项目的精度和重要性将监测项目分成两个等级：

（1）主控项目：竖向位移及水平位移、测斜、支撑轴力、水位、裂缝、倾斜、收敛、隧道竖向位移；

（2）参考项目：土压力、坑底隆起、地墙内力、孔隙水压力等。

主控项目监测精度较高，数据可靠性较容易得到保证，参考项目监测的数据变化相对较迟缓或难以实现，一般可以作为定性分析的一个手段，是主控项目的一个辅助，可以配合主控项目进行分析。监测报表的使用方法是：先主控项目后参考项目，结合施工工况和现场巡视情况解读监测数据。

对监测项目变形较大或异常情况应附实测曲线并分析。

3

排水建设工程第三方监测信息化管理

3.1 监测信息化管理目的和意义

排水建设工程第三方监测信息化建设是监测信息化发展的重要内容,是巩固工程建设项目规范化管理,工程健康施工和工程质量的有力保障,是挖掘监测信息使用价值,提高工程项目建设工作效率的重要手段。随着监测信息化建设工作的深化、细化和拓展,监测信息化最终将会引起一场工程管理模式和工作方式的变革。为了提高工作效率,在工程项目管理中,更新理念,严格实施,勇于管理,创新机制,突破传统监测工作要素的制约,强化流程和角色的信息化思维,使监测管理趋于"扁平化",改进工作方式;持续推进监测信息化建设。所以构建排水工程监测信息化管理系统对于监测信息化建设具有重要意义。

排水工程监测信息化管理系统构建的目的是为了提高排水工程施工安全管理水平,建立起以工程监测支持设计和施工的理念,以计算机信息化管理为手段的数字化的安全管理模式。作为"信息化"施工思想的实现工具,系统应该充分融合排水工程建设安全责任体系,剥离工程建设的安全责任中与业主无关的功能事项,构筑以施工单位安全管理为主题,以业主监督管理为根本的体系结构。排水工程监测信息化管理系统主要以服务于以排水工程建设公司等为代表的建设单位,业主能够通过系统监督施工单位、工程监理单位、勘察单位、设计单位及其他与建设工程安全生产有关的单位,切实履行相关安全管理职责,督促各方进行排水工程建设的安全生产管理。系统能够以数字化的方式执行"信息化"施工思想,保障相关安全标准的执行效果和执行效力,同时利用信息技术数据存储方便,数据分析准确快捷的优势,为日后的类似工程积累资料,推动排水建设工程"信息化"施工技术的发展。

3.2 监测信息管理平台简介

Web 监测信息管理平台是对监测工程项目中所有的监测数据进行统一入库、管理、分析和展示的平台,同时集成新闻发布、文档管理、报警提醒等实用的项目管理功能。用户可以使用本系统对监测数据进行查询、分析以及图形化显示,生成报表和图表等,并对报警点进行标注、提醒和监控,从而有效对工程项目中可能出现的风险进行管理和预报,并积极采取相应的预防措施,提高各部门协同办公的效率。

3.2.1 总体技术方案

整个系统由监测信息管理平台和数据上传系统两大部分组成。监测信息管理平台部分由①综合信息；②监测信息；③风险点监控；④监测报表；⑤技术文档；⑥工程信息等六个功能模块组成，同时预留实时监测、视频监控和综合分析三个功能模块接口。数据上传系统由①基础数据；②技术文档；③监测报表；④当前工况等四个功能模块组成。整个系统的基本架构如图 3-1 所示。

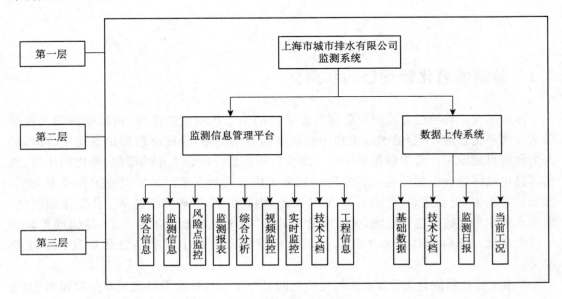

图 3-1　监测管理平台系统基本架构

3.2.2 系统运行环境

监测信息管理平台包含 Web 服务器端、信息管理平台客户端。各个组件运行环境如下：

（1）监测信息管理平台服务器端是监测信息管理平台数据存储、管理以及服务发布的核心组件。服务器端由专业的技术人员进行维护和升级，一般用户不需要关心服务器端的运行状况。监测信息管理平台服务器端的运行环境如下。

① 硬件环境：本服务器托管于万网翔云主机Ⅳ型云享主机，配置如下：

- CPU：Intel(R) Xeon(R) CPU E5645 @ 2.4 GHz
- 内存：8.00 GB
- 硬盘：750 GB

② 软件环境的配置如下：

- 操作系统：Windows Server 2008 R2（需安装 SP1 补丁）
- 数据库：Microsoft SQLServer 2008 R2
- Web 服务器：IIS 7

• 地图服务器扩展组件：Mapguide 2.4

网站运行平台：asp. net MVC4.0＋Net Framework 4.0

（2）监测信息管理平台基于标准的 Web 标准。用户客户端只需要使用浏览器及扩展插件即可使用信息管理平台的全部功能，并且无需手动升级。当服务器端完成升级后，客户端会自动更新为最新本。客户端环境如下：主流的标准浏览器（IE7.0＋，Firefox 3.0＋，Google Chrome 5.0＋等），Falsh 浏览器扩展插件，Silverlight 浏览器扩展插件。

3.2.3 系统功能

监测信息管理平台的总体功能模块如图 3-2 所示。

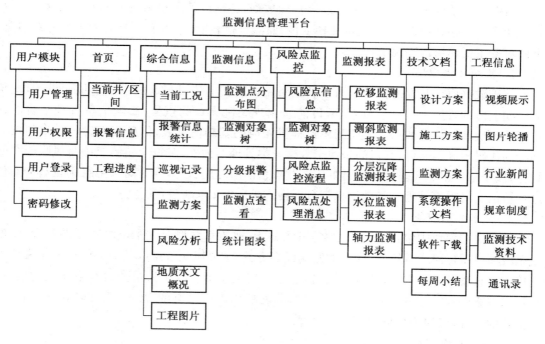

图 3-2 监测信息管理平台的总体功能模块

（1）用户模块。为保证系统的安全性，用户名和初始密码全部由管理员统一分配。用户可登录系统后自行修改密码。用户名和权限是相关联的。用户权限及用户资料由管理员进行管理。

（2）首页。用户登录系统后，根据用户权限，系统首页显示一个全局的工程进度及报警信息。业主登录后可看到 6 个标段的综合信息，一目了然。

（3）综合信息。综合信息为当前标段的综合信息。用户可选择相应的工作井或区间，查看某个监测单元的工程进度、报警信息统计、巡视记录、监测方案、风险分析，地质水文概况和工程图片。

（4）监测信息。监测信息页面针对某个监测单元的监测信息进行管理。监测信息页面有监测点分布图，监测点按照报警级别分色显示，可以直接使用鼠标选中某一个监测点或多个监测点，查看监测点信息及图片。同时可对监测数据作图分析。

（5）风险点监控。风险点监控页面列出当前标段的风险点（即"重要等级"≥二级并且"报警级别"≥二级）。监测单位对监控点发出警报信息。业主施工单位收到信息后会进行处理并在系统中反馈。通过流程图可详细查看每个监测点的处理状态。

（6）监测报表。以报表形式列出所有历史监测数据。监测报表分为位移、侧斜、水位、轴力、分层沉降、施工工况等 6 张报表。

（7）技术文档。技术文档提供工程所有相关文件、档案、软件的分类查询和下载。

（8）工程信息。工程信息模块提供视频、文章、图片等多种方式发布工程信息。

3.2.4　数据上传系统功能

数据上传系统主要是为了满足系统基础数据、各标段的日报表的发布及管理要求而开发。功能分为基础数据上传、技术文档上传、监测日报表上传、当前工况上传 4 个主要功能。下面对各主要模块详细说明：

1. 基础数据模块

基础数据模块开发的目的是为了满足对用户后期上传日报表的点号审核而设的，便于对后期上传的日报表点号进行管理，以防止出现杂乱无章的点号，影响信息管理平台的运行。该模块基础信息数据需要监测单位提供相应的基础信息表，信息表中代码一列须按照制定的代码表规则制订，其目的是便于数据分类管理。另外，对每个监测点进行风险等级的划分，便于用户根据风险等级查看具体监测点目前所处的状态，同时对风险级别较高的点位进行短信实时报警处理。基础信息表数据格式是采用 Excel 格式制定。

2. 技术文档模块

技术文档模块中包含了监测方案、风险分析、地质水文概况 3 个模块数据的管理，将南线东段项目每标段中具体井、区间的监测详细方案、主要风险节点以及周边的地质水文概况上传至信息管理平台中，以便管理人员、业主、设计、监理及施工人员及时查看相关的信息，从技术方案中预防监测事故的发生。该部分文档均需由已有的 Word 文件转化成 html 网页格式的文件，以便于数据的调取与管理。

3. 监测日报模块

监测中最直接的、最有效的展示构筑物沉降、变形的是每日监测日报表，该日报表中详细列出了周边构筑物位移、倾斜以及水位变化、分层沉降、轴力的变化情况。从本次变化以及累计变形数据反映出每一个监测点的详细变化情况，从而为该监测点是否处于报警状态做出明确判断，为预警提供数据支撑。该功能中通过调取基础信息表中所有监测点，并对上传的日报表数据中对应的点号与基础信息表进行对比，防止出现乱传点号数据等问题的发生。监测日报模块中功能主要分为两块：其一是导入每日报表功能，对上传的数据与基础信息表对比，并将上传后的数据显示在软件界面上。供用户查看对比原有上传文件数据，保证数据的正确性。其二是上传每日报表功能，该功能是将已核对过的数据上传至系统数据库中，便于信息管理系统的调阅。日报表数据格式采用统一制定的规则制订，数据格式为 Excel 格式文件。

4. 当前工况模块

当前工况模块中列出了每个区间段的顶管推进状态，列出了顶管推进线路中总长度、本日推进进度、累计完成进度以及顶管机械的详细参数、土压力等参数。其目的是便于项目管理人员对顶管推进的进度进行全盘掌控。在进度上控制工程的进展情况,避免出现项目不可控的情况发生。

数据上传系统四个功能可以快速有效地对后台数据进行分块分类分标段管理,便于用户使用,其人性化的界面方便了用户的使用。数据"一次检查、二次上传"的理念可从技术以及主观上避免数据上传错误的发生。

3.3 监测信息管理平台应用实例

首先确保电脑已能正常上网,然后在 IE 地址栏中输入本系统的网址:http://www.shps-jc.com。系统会跳转到登录页面(图3-3)。输入用户名和密码登录系统。系统播放一段动画之后,会停留在项目选择页面,点击选择相应的项目(图3-4)。

图3-3 系统登录页面

图3-4 信息管理平台

3.3.1 监测信息管理平台操作案例

（1）系统进入首页（图 3-5），即标段选择页面。该页面仅列出当前用户具有权限的标段。首页以地图为背景，显示所有标段的报警信息和形象进度图，可以一目了然看到整个项目的施工进度和报警状况。左键和滚轮可对地图进行平移和缩放。当鼠标移到标段文字标注的左边，系统会以紫色半透明方框标明该标段的大致范围。在矩形方框内部右键可进入相应标段的综合信息图页面。

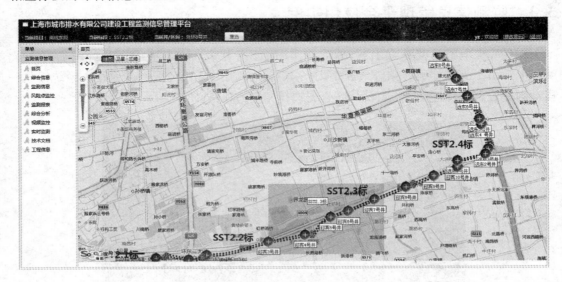

图 3-5 系统首页

（2）系统顶部显示当前的监测单元，系统显示的数据都以一个井或者区间为显示单元。点击"重选"按钮弹选择监测单元对话框，在所有页面快速切换当前监测井或区间（图 3-6）。用户点击确定切换到新的监测单元并刷新当前页面，取消则保留当前页面。

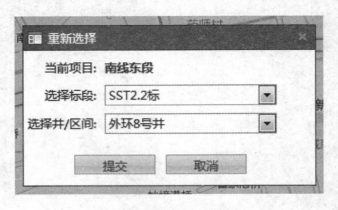

图 3-6 选择井或区间对话框

（3）综合信息页面显示本段的形象进度图和报警总体信息。地图下方显示当前标段或当前监测单元的相关信息，点击相应的面板进行查看具体内容（图 3-7）。

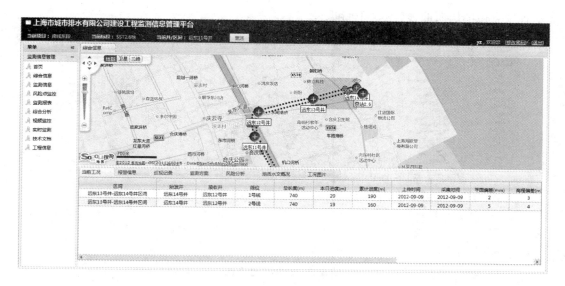

图 3-7 综合信息页面

鼠标移到区间边线旁边会出现紫色方框,标明该区间的范围,点击紫色方框或工作井,可将该井或区间置为当前并弹出提示对话框。页面上方的当前井、区间和标段也会随之变化,同样,下方的数据也会关联着变化。右击相应的井或区间则进入该井或区间的监测信息页面(图 3-8)。

图 3-8 选择监测井或区间

监测信息页面。监测信息页面显示当前监测单元的详细布点图以及监测点的报警信息、曲线、图片等。并可对点的风险等级进行更改,以对该点进行重点监控(图 3-9),系统会显示各个点位的历时曲线(图 3-10 和图 3-11)。

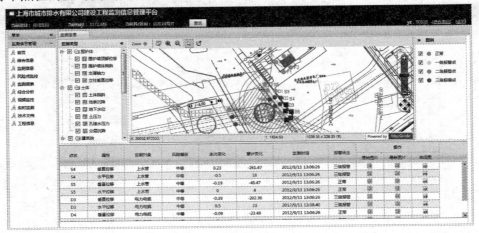

图 3-9　监测信息页面

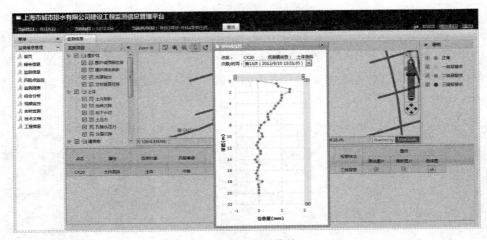

图 3-10　测斜曲线

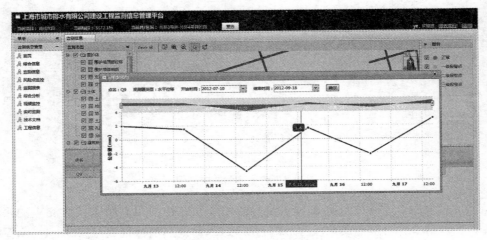

图 3-11　过程曲线

（5）风险点监控页面（图 3-12）。风险点监控页面列出所有风险等级及中等以上并且报警级别达到二级报警的点。对这些点进行报警提醒和监控操作。监测信息页面可对点的风险等级更改，相当于手动让二级以上报警点进入该页面进行监控。

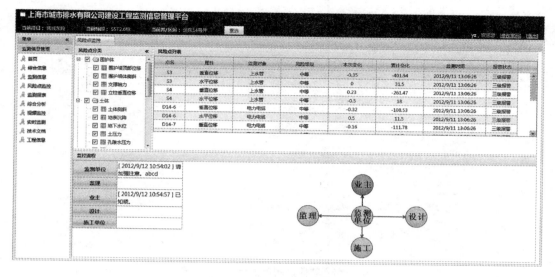

图 3-12　风险点监控页面

如图 3-12 所示，S3 点为监测单位已发出过提醒消息，并且业主已回复，但设计、监理和施工还未回复（图 3-13），因此指向他们的箭头会闪烁，表明有报警信息需要关注。

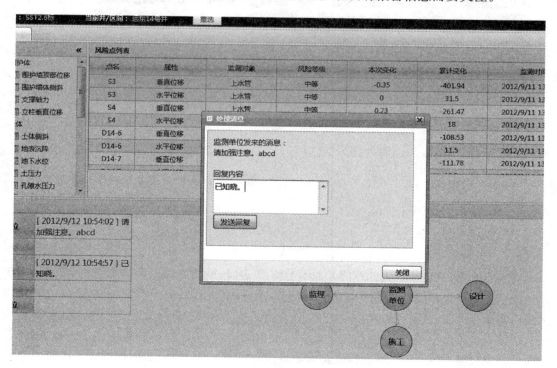

图 3-13　发送报警信息

业主点击红色按钮可发送回复,与监理、设计,施工登录系统的操作类似。如果其他监测单位登录该页面,此时监测单位显示为红色,监测点列表中D14-7点被选中。如果该点未发送过提醒消息,监控流程表格为空的。点击监测单位,弹出提醒发送对话框(图3-14)。

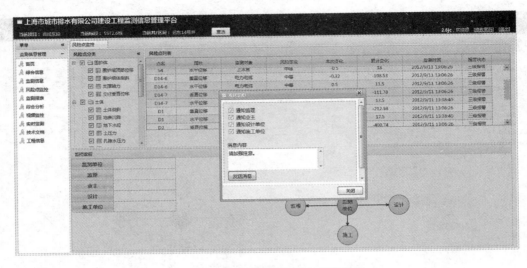

图3-14 其他监测单位获知报警信息

发送之后,流程显示监测单位发送的信息,并且箭头闪烁(图3-15)。

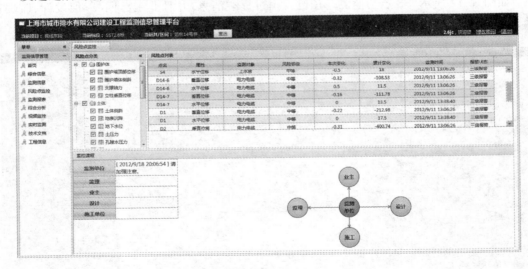

图3-15 箭头显示消息发送流程

当业主登录该系统,进入此页面并选中D14-7点时,就会有红色的箭头闪烁,提醒业主关注该消息。当一个点报了警,并且监测单位也发送过提醒消息,但因为某种原因,或者是该点的风险等级降低了,或者该点又不报警了,该点就不会再进入该页面,该点的监控流程也会中断。但该点会再次报警,下一次报警进入该页面时,监控流程状态仍会停留在上一次的状态。此时监测单位可对该点进行重复发送提醒消息,原有流程会被覆盖,表明该点被重新关注。

(6)其他页面。其他页面和一般网站操作类似,此处不再赘述。在监测报表页面可切换查看不同的监测报表(图 3-16)。

图 3-16　监测报表页面

文档管理,可下载各种文档。工程信息页面,有图片、文章、视频信息(图 3-17)。

图 3-17　文档管理页面

3.3.2　后台数据上传操作案例

由于城市排水有限公司建设工程项目的数据类型多样(施工进度、点位监测等)、采集率高(每日多次采集)和实时性强,就需要软件能够进行庞大数据传输、处理和存储。基于此,利用 SQL Server 数据库的后台上传程序可以完善地管理各类数据对象,具有强大的数据组织、用户管理和安全检查等功能。利用此程序可以方便地处理数据对象,建立窗体和报表,可视性好。

程序登录以管理员身份登录后的程序主界面如图 3-18 所示。

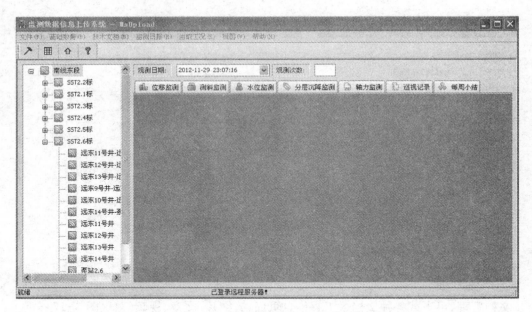

图 3-18 监测数据信息上传系统

1. 上传监测日报表

（1）日报表类型及开始设置。日报表主要包括五个表：位移监测、测斜监测、水位监测、分层沉降监测和轴力监测。五个表的上传方法一致，所以为了简洁，下面选取其中的位移监测报表为例进行说明。注意：上传前，要先设置好标段，然后选中上传表格类型，此时会显示点位情况（图 3-19）。如果出现警告框，说明不存在该类点的监测。

图 3-19 监测日报表

(2) 使用菜单栏—"监测日报",可以导入每日观测数据报表(图 3-20)。

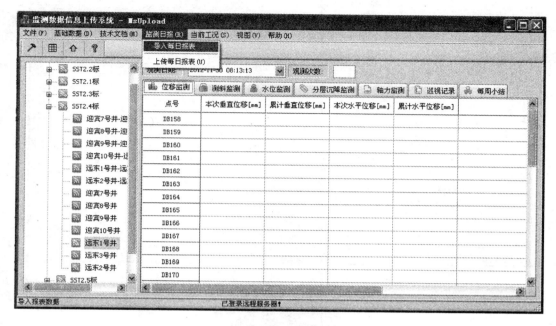

图 3-20 导入每日报表

(3) 数据导入后检查数据完好性(图 3-21)。

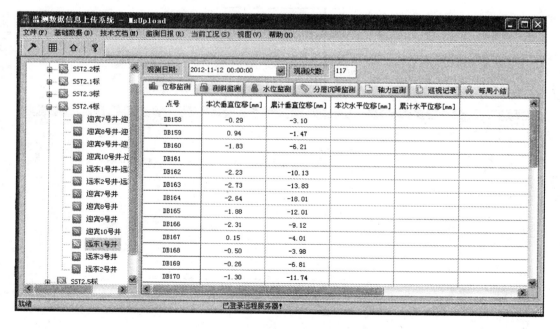

图 3-21 数据导入后检查

(4) 在监测日报选项选择上传每日报表(图 3-22),报表上传成功后会出现"数据上传成功"提示(图 3-23)。

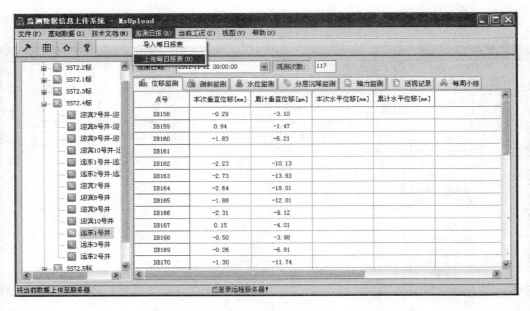

图 3-22 上传每日报表

图 3-23 数据上传成功

2. 上传文档资料

(1) 选择标段,再选择子菜单,利用图 3-24,找到上传表格位置。

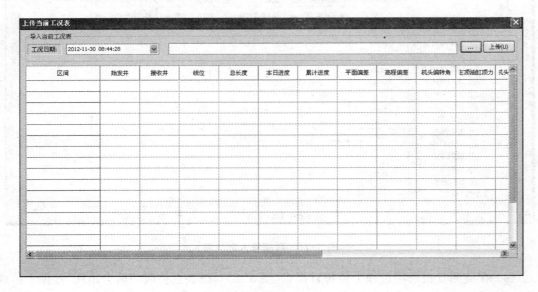

图 3-24 当前工况上传

（2）选择工况表后，检查数据（图 3-25）。

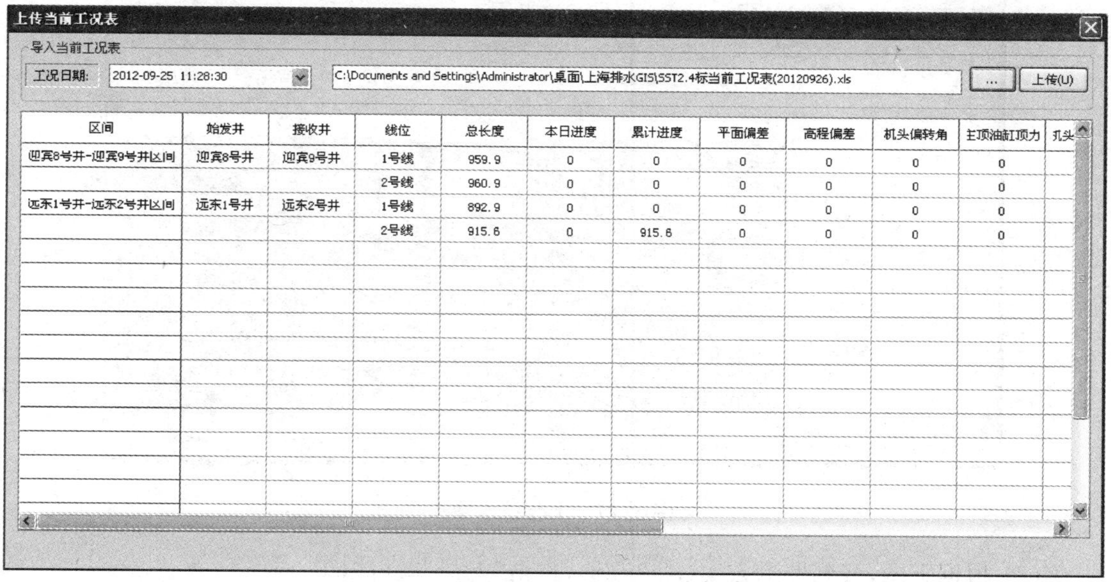

区间	始发井	接收井	线位	总长度	本日进度	累计进度	平面偏差	高程偏差	机头偏转角	主顶油缸顶力	孔头
迎宾8号井-迎宾9号井区间	迎宾8号井	迎宾9号井	1号线	959.9	0	0	0	0	0	0	
			2号线	960.9	0	0	0	0	0	0	
远东1号井-远东2号井区间	远东1号井	远东2号井	1号线	892.9	0	0	0	0	0	0	
			2号线	915.6	0	915.6	0	0	0	0	

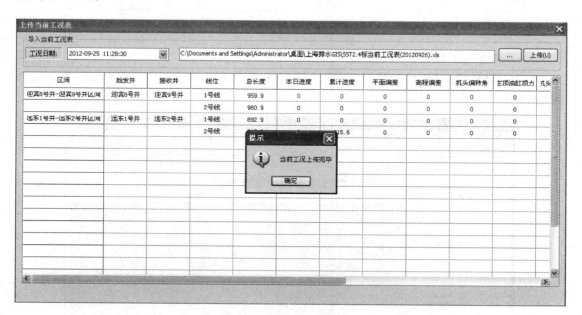

图 3-25　检查上传工况表数据

（3）数据确认无误后，选择“上传”按钮，上传数据。上传成功后，出现提示，说明上传成功（图 3-26）。

区间	始发井	接收井	线位	总长度	本日进度	累计进度	平面偏差	高程偏差	机头偏转角	主顶油缸顶力	孔头
迎宾8号井-迎宾9号井区间	迎宾8号井	迎宾9号井	1号线	959.9	0	0	0	0	0	0	
			2号线	960.9	0	0	0	0	0	0	
远东1号井-远东2号井区间	远东1号井	远东2号井	1号线	892.9	0	0	0	0	0	0	
			2号线			915.6	0	0	0	0	

图 3-26　数据上传成功

技术文档，主要包括风险分析、监测方案和地质概况。此类文件，进行一次上传即可。

（1）选择标段区间，然后选择“技术文档”下拉菜单的“上传监测方案”（图 3-27）。

图 3-27　上传技术文档

（2）根据下图，找到监测方案（图 3-28），点击"上传"就可以了。

图 3-28　上传监测方案

3. 上传每周小结

（1）选择标段区间，然后选择"每周小结"。鼠标右键单击对话框，找到每周小结文档（图 3-29）。

图 3-29　上传每周小结

（2）在 http://www.shps-jc.com 网站，"技术文档"上查看上传"每周小结"（图 3-30）。

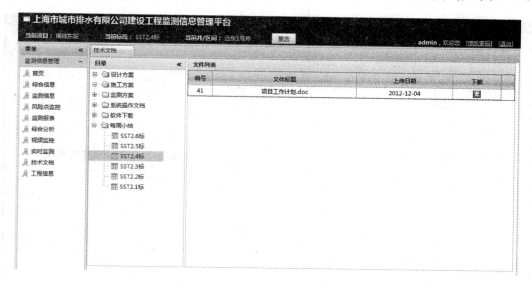

图 3-30 查看每周小结

4. 上传监测图片

（1）选择标段区间，然后选择"位移监测"，找到要上传图片的监测点。在弹出对话框中选择图片（图 3-31）。

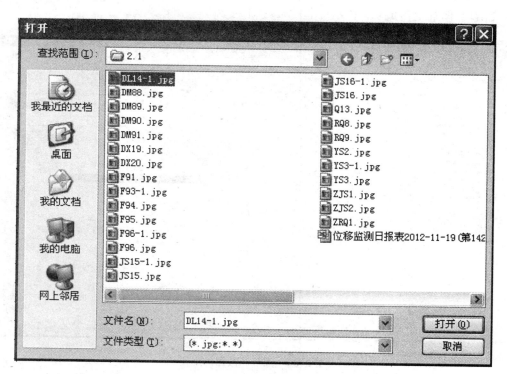

图 3-31 选择图片

（2）图片选定后，选择"上传每日报表"，实现图片的导入（图 3-32）。

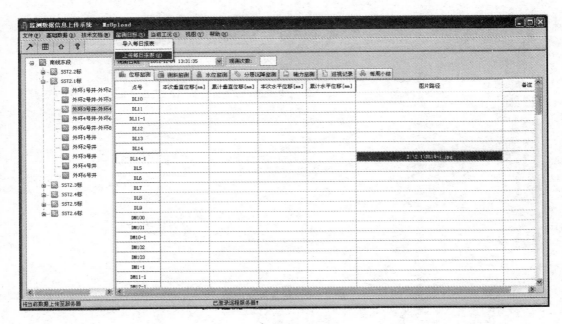

图 3-32　导入图片

（3）在导入了监测数据后，点击上传每日报表实现图片和数据的上传（图 3-33），上传成功后会出现"图片上传成功"提示（图 3-34）。

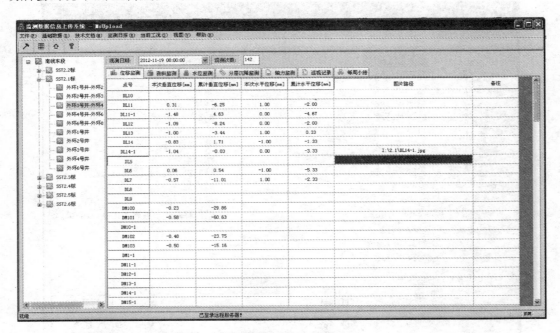

图 3-33　图片和数据的上传

（4）在 http://www.shps-jc.com 网站，"监测信息"上查看上传图片（图 3-35）。

点号	本次垂直位移[mm]	累计垂直位移[mm]	本次水平位移[mm]	累计水平位移[mm]	图片路径
DL10					
DL11	0.31	-6.25	1.00	-2.00	
DL11-1	-1.48	4.63	0.00	-4.67	
DL12	-1.09	-8.24	0.00	-2.00	
DL13	-1.00	-3.44	1.00	0.33	
DL14	-0.83	1.71	-1.00	-1.33	
DL14-1	-1.04	-0.03		33	I:\2.1\DL14-1.jpg
DL5					
DL6	0.06	0.54		33	
DL7	-0.57	-11.01		33	
DL8					
DL9					
DM100	-0.23	-29.86			

提示

图片上传成功

确定

图 3-34　上传成功提示

原始图片

941.18 x 349.85 (ft)

本次		报警状态	操作	
			原始图片	最新图片
-0.42	-0.43	2012/11/28 8:00:00	正常		
1	-5.33	2012/11/28 8:00:00	正常		

图 3-35　查看图片

4

排水建设工程第三方监测实施细则

4.1 监测点布置基本原则

监测点布置应在不妨碍监测对象的正常工作的条件下,尽量减少对施工作业的不利影响,最好能最大程度地反映监测对象的实际状态及其变化趋势,最好布置在结构内力或变形的关键特征点、周边环境的关键部位,满足监控要求。

《建筑基坑工程监测技术规范》(GB 50497—2009)(以下简称"国标")的第5章和《上海市基坑工程施工监测规程》(DG/TJ 08—2001—2006)(本章后续部分简称"上海规程")的第4章、第5章均对监测点布置的一般规定和具体监测点布置基本原则进行了详细规定。这里对一些较为重要的条款进行摘录,同时结合上海地区工程经验进行阐述。

1. 围护墙(边坡)顶部水平和竖向位移监测点布置原则

(1)布置位置:沿基坑周边布置,周边中部、阳角处应布置监测点。监测点宜设置在围护墙顶或基坑坡顶,且应设置在变形最大位置,不得设置在支撑位置。监测标志应稳固、明显、结构合理,监测点的位置应避开障碍物,便于观测,在变形变化大的代表性部位及周边重点监护部位应适当加密。

(2)监测点间距:不宜大于20 m,且每边监测点数量不宜少于3个。

(3)除特殊情况下,水平和竖向位移监测点应为共同点。

(4)应加强对监测点的保护,必要时应设置监测点的保护装置或保护设施。

2. 立柱竖向位移监测点布置原则

(1)布置位置:监测点宜布置在多根支撑交汇处、施工栈桥下、基坑中部、逆作法施工时承担上部结构荷载及逆作区与顺作区交界处、地质条件复杂处等位置的立柱上,不同结构类型的立柱宜分别布点。

(2)监测点数量:监测点不应少于立柱总数的10%,逆作法施工的基坑不应少于立柱总数的20%,且不少于5根立柱(参照上海规程)。

(3)对于有承压水风险的基坑,在支撑跨度较大的立柱、立柱间距较大的立柱、支撑断面较小的立柱上应增设监测点。

3. 支撑轴力监测点布置原则

(1)布置位置:监测点布置在支撑内力较大且受力简单、在整个支撑系统中起控制作用的杆件上。

（2）监测截面：钢筋混凝土支撑的监测截面宜选择在两支点间 1/3 部位，并避开节点和栈桥走车部位；钢支撑若采用表面应变计监测时，宜布置在两支点间的 1/3 部位，若采用反力计监测时，应布置在支撑端头，并严禁布设在支撑活络头一侧。

（3）测点数量：每层（道）支撑的监测点不应少于 3 个，各层（道）支撑的监测点位置在竖向上尽量保持一致。

（4）传感器数量：钢筋混凝土支撑每个截面内传感器不宜少于 4 个，应分别布置在四边中部；钢支撑每个截面内不宜少于 2 个，且应在钢支撑两侧对称布置（"上海规程"）。

4. 围护墙（或土体）深层水平位移监测点布置原则

（1）布置位置：基坑周边中部、阳角处及有代表性的部位，且应设置在变形最大位置，不得设置在支撑位置。

（2）监测点间距：宜为 20～50 m，且每边监测点数量不应少于 1 孔。

（3）测斜管长度：当测斜管埋设在土体中时，测斜管长度不宜小于基坑开挖深度的 1.5 倍，并应大于围护结构的深度 5～10 m（参照上海规程）。当测斜管埋设在围护墙体内时，测斜管长度应与围护墙钢筋笼深度相同，并应采取有效措施保障测斜管的无效长度小于 2 m。

5. 坑底隆起（回弹）监测点布置原则

（1）布置位置：监测点宜按纵向或横向剖面布置，剖面宜选择在基坑的中央以及其他能反映变形特征的位置，剖面数量不应少于 2 个。

（2）监测点间距：同一剖面上监测点横向间距宜为 10～30 m，数量不应少于 3 个（"上海规程"规定为"间距宜为 10～20 m"）。

6. 坑外潜水水位监测点布置原则

（1）布置位置：应沿基坑、被保护对象的周边或在基坑与被保护对象之间布置；相邻建筑、重要的管线或管线密集处应布置水位监测点；当有止水帷幕时，水位监测点宜布置在帷幕的施工搭接处、转角处等有代表性的部位，位置在止水帷幕的外侧约 2 m 处，以便于观测止水帷幕的止水效果。

（2）监测点间距：宜为 20～50 m，每侧边监测点至少 1 个（小于 10 m 的边除外），水文地质条件复杂处应适当加密。

（3）管底埋置深度：最低允许地下水位之下 3～5 m（"上海规程"规定为"潜水水位观测管埋置深度宜为 6～8 m"）。

基坑内地下水位宜采用降水单位布置的观测井进行观测或复核。

7. 邻近地下管线监测点布置原则

（1）监测范围：监测点宜布置在管线的节点、转角点和变形曲率较大的部位，从基坑边缘以外 2 倍基坑开挖深度范围以内均为监测范围，必要时应扩大监测范围。

（2）管线监测点间距宜为 15～25 m，所设置的竖向位移和水平位移监测点宜为共用点。重要管线监测间距宜为 6～10 m。

（3）影响范围内有多条管线时，宜应根据管线年份、类型、材料、尺寸及现状等情况，综合确定监测点的布置位置和埋设形式，应对重要的、距离基坑近的、抗变形能力差的管线进行重点监测。

（4）上水、煤气、暖气等压力管线等宜设置直接观测点，也可利用窨井、阀门、抽气孔以及检查井等管线设备作为监测点。当无法在重要管线和管道上布置直接监测点时,可利用埋设套管法设置监测点,也可采用模拟式测点将监测点设置在靠近管线埋深部位的土体中。

(5)管线监测点布置方案应征求管线等有关管理部门的意见。

8．邻近地表沉降监测点布置原则

(1)监测范围:从基坑边缘以外 3 倍基坑开挖深度范围以内均为监测范围,必要时尚应扩大监测范围。

(2)监测点布置:按监测剖面成组布置,每个剖面上监测点数量不宜少于 5 个。

(3)监测剖面布置:宜设在坑边中部或其他有代表性的部位,并与坑边垂直,监测剖面数量视具体情况确定。

(4)剖面间距:剖面间距宜为 30～50 m,每侧剖面至少 1 个("上海规程")。

(5)剖面延伸长度:宜大于 3 倍基坑开挖深度("上海规程")。

9．邻近建(构)筑物监测点布置原则

(1)监测范围:从基坑边缘以外 2 倍基坑开挖深度范围以内均为监测范围,必要时尚应扩大监测范围。

(2)监测点类型:分竖向位移监测点、水平位移监测点、倾斜监测点和裂缝监测点 4 类。建筑物监测通常以竖向位移监测为主,还可由基础的差异沉降推算建筑物倾斜。

(3)监测点位置(根据"国标"摘录)。

① 建(构)筑物四角、沿外墙每 10～15 m 处或每隔 2～3 根柱基上,且每边不少于 3 个监测点。②不同地基或基础的分界处。③建(构)筑物不同结构的分界处。④新、旧建筑或高、低建筑交接处的两侧。⑤变形缝、抗震缝或严重开裂处的两侧。⑥烟囱、水塔和大型储仓罐等高耸构筑物基础轴线的对称部位,每一构筑物不得少于 4 点。

4.2 变形监测项目实施要点

4.2.1 围护体顶部水平位移监测

1．目的

观测围护体顶部的水平位移,了解围护体的稳定情况,作为对基坑稳定性评价的一个内容。对设在测斜管管口的测点所得的观测数据,还可以用来对测斜数据累计用的起算点进行修正。

2．方法

工程上全站仪进行水平位移的观测。测量方法应遵循"《基坑工程施工监测规程》(DG/TJ 08-2001—2006)"中"6.2 节水平位移监测"和"《建筑变形测量规范》(JGJ 8—2007)"中"第 4 章变形控制测量"和"第 6 章位移观测"的规定。

3．实施要点

基坑监测工作中水平位移观测要求非常细致,稍有不慎,仪器的综合误差就会将真实位移值淹没,导致观测结果呈毫无规律的随机状态。

4.2.2 围护体（或土体）深层水平位移监测

1. 目的

监测基坑围护体（SMW 桩、钻孔灌注桩、地下连续墙等）内部或周围土体内部的水平位移，为评价围护体或土体的稳定提供数据。水平位移分为两个方向相互垂直的分量，分别定义为基坑围护体（墙）的垂直方向和平行方向。目前经常使用的是垂直方向的数据，但应了解平行方向数据的特点和用处。

因其使用的观测仪器名为"测斜仪"，所以俗称"测斜"。

2. 观测方法

（1）（活动式）测斜仪。图 4-1 是常用"（活动式）测斜仪"的实物图，测斜仪由传感器、连接电缆、读数仪组成，它要特制的测斜管配合才能进行测量。

① 测斜仪传感器：

（a）一种有两对（4 个）导轮的角度测量仪器。其角度测量部分能测出传感器轴向与铅垂线间的角度（t）；它的两对导轮间距离是定长"L"（一般 $L=50$ cm），其顶端有一条兼作信号传送和荷重的钢丝芯电缆，传感器及连接电缆具有防水性。

（b）使用时将导轮纳入测斜管待测方向的一对导槽中。

（c）当传感器停在测斜管的某深度位置时，该处测斜管与铅垂方向的夹角 t 就被测斜仪所测出。

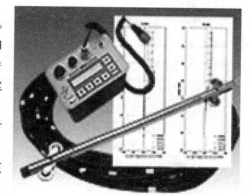

图 4-1 测斜仪、电缆

（d）测斜仪传感器有双向和单向两种。双向式的内部有两个互成 90°的测角传感器，它可以同时测出导轮组所在平面（A 向）的垂倾角和与 A 向差 90°的 B 向的垂倾角。单向式的只有 A 向，如要测另一向时，只能将传感器取出，重新放入测斜管的另一对导槽中进行再一次测量。

（e）测斜仪测出的只是依测斜管安装方向而定的两个（或一个）方向的垂偏角或称其水平位移在该两个方向的分量（矢量），实际的围护体（或土体）位移方向应该是该两个分量合成的一个（总）矢量。在工程中为简化问题，往往只需关心其中垂直基坑边线的分矢量。

② 测斜管：测斜管要预先埋入被监测的对象内部，使它能随被监测对象协同变形；探头在测斜管内将此变形量测出来，就成为被监测对象的水平位移。所以测斜管的埋设方法正确与否是测量成功的关键。测斜管可用 ABS 塑料、PVC 塑料或铝制，其内部有两对互成 90°角的凹槽，是供"传感器"使用的"导向槽"，如图 4-2 所示。

图 4-2 测斜管

(a) 测斜管埋置于地下连续墙或钻孔灌注桩构成的围护体内时，与围护体等深，以便能测到围护体内底处的变形，测斜管固定在钢筋笼上与之一起放入槽壁或预成孔内，埋入混凝土中；埋置于 SMW 桩构成的围护体内时，与钢板桩等深，测斜管固定在"工"字钢上与之一起沉入桩身的水泥土中。安装时，测斜管的一对槽口必须与所在的围护墙体成垂直。投入使用的测斜管管口部要设可靠的保护装置，测斜管应选用侧向刚度较大的材料。

(b) 在待测土层相应的地表上钻孔，孔内埋设测斜管。测斜管的埋设深度一般应大于要监测的地层深度，管底应达（预计）无明显活动的土层之深度。安装测斜管时其两对导向槽中的一对必须和待监测的水平位移的方向一致。测斜管就位后，其外壁和地层间的空隙应填充密实，并应考虑填充材料与所在地层的模量要基本匹配，使测斜管能随土层的水平位移而变形，即测斜管各处的水平位移就是对应处土层的水平位置。测斜管应选用侧向刚度小的材料。

注意：注浆施工难以保证测斜管管壁与土体的完全密合，常常会有空隙，建议采用粗砂回填的方法，注浆形成的介质模量与土层模量差异较大。

③ 读数：

(a) 各种型号的测斜仪都有专用的读数仪。测斜仪工作时通过传感器顶部的电缆将信号实时传送到放在孔口附近的读数仪内，目前工程中常用的读数仪有两种，一种是伺服加速度计式，读数仪采集的是探头相应倾角正弦值的 25 000 倍数值；一种是电压位移计式，读数仪采集的是与探头倾角相对应的电压信号。

(b) 野外工作完成后，将读数仪带回室内，通过各自的接口建立读数仪和计算机的通信。在计算机中预装的专门程序的控制下，将读数仪中的数据转存到计算机中。

(c) 再用各种不同功能的软件，把测得的倾角 t_i 计算为每段的偏移量，将各侧段的偏移量累加便得到测斜管的管线曲线，通过本次管形曲线与初始曲线的比较可以得到累计位移量，进而将测斜结果制成表格和图形。

(d) 施测时，因为记录装置会同时记录倾角 t_i 的数值及其相应的深度，所以采取从底到顶或从顶到底的测量次序都可以。以孔顶为不动点计算累计量时，孔口定位 0 从上往下累减计算管形曲线；以孔底为不动点计算累计量时，孔底定位 0 从下往上累加计算管形曲线，一般情况采用前者计算，并经常用管口水平位移进行修正，若土体测斜管埋设的足够深（底部不动）也可以采用后者计算。

(2) 固定式测斜仪。① 一般的活动式测斜仪只能每天进行有限次的观测，在一些特殊要求下需对土层活动进行连续监测时就显得不适用了。为此，可将若干个测斜仪组合，上下成串地安装在同一个测孔中，各自布置在适当深度处，各传感器连续工作，不断将测得的数据通过电缆传到测孔外，为实现自动连续观测创造了条件。这就形成了"固定式测斜仪"的产品，如图4-3所示。

② 固定式测斜仪的工作原理与活动式类似，其内部电路结构种类形式也相仿。

③ 固定式测斜仪在信号传输上的特点是采用了基于现代计算机技术的数据编码技术，使得同在 1 孔中若干个固定式传感器只需共用 1 根多芯电缆（一般为 8 芯），就可将全部（可达几十个）固定式传感器的数据传到地面。

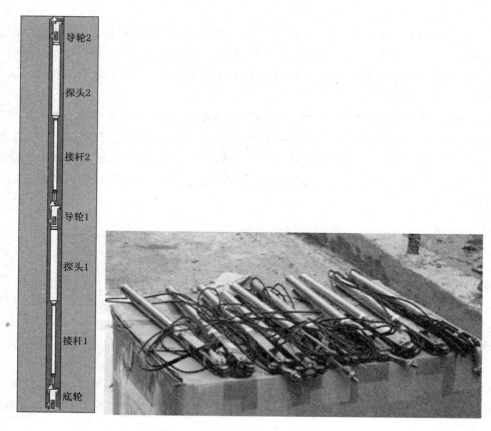

图4-3　固定式测斜仪构造及外形

④ 经过编码的数据在地面用数据采集器采集、存贮,并可与计算机联机,实现土层水平位移的连续实时监控,特别适合在恶劣气候环境下对重要对象内部的水平位移观测。

3. 实施要点

(1) 在围护体内测斜时,测斜管只能和围护结构等深,由于围护结构底部会发生位移,所以在测斜计算时不能盲目使用从底部开始向上累计的方法,而必须采用从管口开始向下累计的方法,并辅以实时的管口水平位移修正计算。

(2) 测斜管十字槽方向的安装偏角和长(深)管的十字槽方向扭转的存在会影响有时甚至是严重影响数据的真实性。发生此类情况时,要用正确的方法去修正数据。当然,最好是安装测斜管时不让十字槽偏角和扭转的情况发生。

4.2.3　围护和支护体系竖向位移监测

1. 目的

通过对如连续墙、围护桩、立柱桩、格构柱、水平支撑构件等围护和支护体系组成部分进行竖向位移观测,了解其竖向位移变化和规律,用以评价基坑的稳定性。

2. 方法

在被监测的构件上布设测水准测量点,用精密水准仪和配套的水准尺进行测量。

3. 实施要点

(1) 目前上海基坑支护设计中常用"立柱桩＋水平支撑"的结构体系,开挖过程中立柱桩回弹评价时不能只用单桩(单柱)的回弹数据来衡量,应该参考用"桩(柱)与支撑两端接触处的围护体间的不均匀沉降(沉降差值)"与"水平支撑跨度"之比值来衡量,推荐按"水平支撑跨度"的 1/400 为控制值。

(2) 水准测量所使用的"工程水准基点"或"引测基点"的稳定程度直接影响测量结果的准确。由于工程中的基点埋设的区域往往不甚理想,达不到设置在稳定的地层深处的要求。所以,要把对"工程水准基点"和"引测基点"的高程进行复核,尽量与就近的城市水准基点(BM 点)联测。(在测量数据表明基点稳定时,至少每月 1 次),并将复核所得的修正数加入测量点的计算中。

4.2.4　邻近建(构)筑物基础沉降(倾斜)监测

1. 目的

排水工程中的基坑工程开挖和区间顶管施工不可避免会造成土体结构的破坏,影响附近建(构)筑物地基和基础的稳定,造成建(构)筑物沉降或倾斜,影响其正常使用。邻近建(构)筑物基础沉降(倾斜)监测的目的就是对可能受影响的建(构)筑物进行沉降和倾斜的监测,一旦对建(构)筑物的正常使用造成安全隐患,可及时采取措施,制止负面影响的发展。

2. 方法

可用传统的水准测量方法进行观测,也可用静力水准沉降观测系统环绕观测对象一圈进行观测。

3. 实施要点

(1) 光学水准观测和静力水准观测,都要严格控制后视点(参考点)的稳定。

(2) 数据"双控"。对观测数据宜用"沉降量"和"基础倾斜"(包括"累计值"和"变化速率")两项指标同时进行控制,即"双控"。

(3) 基础倾斜是因建(构)筑物的基础各处发生不均匀沉降引起的,所以基础倾斜还是依靠基础沉降的观测数据。由基础不均匀沉降计算基础倾斜按照国家标准《工程测量规范》(GB 50026—2007)中"附录 G"的规定进行;控制标准按上海市工程建设规程《基坑工程设计规程》(DGJ 08-61—1997)中"表 12.1.4-2"的规定执行,并可以参考同一规程"表 12.1.4-1"的内容。

(4) 建筑物(特别是高耸建筑物)的倾斜,除有基础倾斜的影响外,还受如结构特性、不均匀日照影响、风力作用等其他因素的影响,并非全是岩土工程监测的专业范围。要对建筑物(特别是高耸建筑物)的倾斜作精确的观测,除基础部分属岩土工程监测的专业范围,其他部分建议请房屋建筑专业监测单位实施为妥。

(5) 如果作为独立的建(构)筑物,其本体结构对地基基础沉降有一定的容许程度,按上海市工程建设规程《基坑工程技术规范》(DGJ 08-61—2010)中"表 4.3.6"规定的数值都不小于 100 mm;若考虑与建(构)筑物相连接的各种管线,实际上允许的沉降的经验值为 20～30 mm。但就是在此经验值范围内,依然不允许超过标准的基础倾斜发生。

4.2.5　邻近地表沉降监测

1. 目的

在基坑外施工影响范围内的邻近地表进行沉降观测,可以达到以下目的:

(1)通过观测设在影响区内的建(构)筑物旁的地表沉降点,可以掌握地面沉降的发展程度并估计其对建(构)筑物的影响程度。

(2)得到沉降剖面线,据此推算出沉降盆面积,最终计算地层损失系数,供评价基坑开挖的工艺和对环境的影响。

(3)地表沉降与围护体侧向位移是相关的,测斜的数值大,墙后土体损失肯定比较大,相应地表沉降就大,无法利用地表沉降点沉降量判定围护墙的侧向位移具体数值和发生的深度,可以用于相互印证。

(4)沿基坑围护墙(外侧)设置的地表沉降点,是相对应的围护墙内部水平位移观测项的相关敏感点,可以用此沉降点来掌握两个测斜观测点之间的围护墙内部水平位移变化情况。

2. 方法

地表沉降的观测方法有两种,一种是用水准仪按高程测量的方法进行,另一种是用静力水准沉降观测系统。静力水准沉降观测系统介绍如下:

(1)原理。静力水准系统(图 4-4)又称连通管水准仪,系统至少由两个观测点组成,每个观测点安装一套静力水准仪。静力水准仪的贮液容器相互用通液管完全连通,贮液容器内注入液体。力学原理表明"连通管"两端的液位应会保持一致(两端必须同时暴露在相同大气压的环境中)。根据这一原理就可以做成"静力水准仪"。实用的静力水准沉降仪将连通管的一端(称之为"参考端")置于一个高程稳定的地方;而将另一端("工作端")置于目标物(即沉降测点)上。这样,就把目标物的沉降值反映到连通管的液面变化上,使沉降观测转为对连通管液面高度(变化量)的测读。

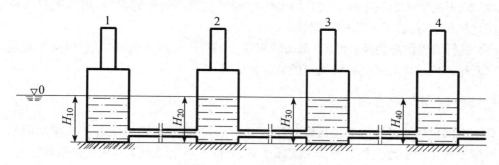

图 4-4　静力水准系统原理

(2)组成。图 4-5 是一个基本的多点静力水准式沉降观测系统的组成情况。它主要由一系列的液体筒(罐)和管道构成连通管系统,观测时将各工作筒安放在测点上,连接管道就可以工作。多点静力水准式沉降观测系统工作过程中,恒定的参考液位是十分重要的,它决定了整个观测系统的精度。

图4-5 多点静力水准式沉降观测系统

(3) 读数。最简单的读数方法是在透明的液体筒外固定一把量液位的刻度尺,用人工目视读数。如果可以进行液位的电子化测量,可引入数字化的数据自动采集器来进行连续自动化读数,使用计算机系统实时监测变形。

(4) 注意事项:

① 工作液体可用纯净的水,但注意使用前要除气(除去溶解在水中的微量气体);在冬季使用要考虑防冻,夏季使用要考虑蒸发带来的影响(可以用恒液位自控器补液)。

② 静力水准观测的技术要求,应遵循《工程测量规范》(GB 50026—2007)中"第9.4.9条"的规定。

③ 由于两液面的压差很小,在进行微小沉降监测时,所以要考虑工作液与管壁间表面张力引起的液位滞后反应和(液位压差)衰减。

3. 实施要点

(1) 光学水准观测和静力水准观测,都要严格保证基准点的稳定。

(2) 用于光学水准观测的测点要用专门的圆球状顶面的钢制测钉,埋入或打入待测处地层(土层)足够深处,并且保持固定状态。

(3) 进行地表沉降剖面观测时,剖面的布置应垂直于相邻处的围护墙(纵向),观测范围为基坑开挖深度的1.5~3倍,观测点的数量建议不少于6个。

4.2.6 深层土体沉降监测

分层沉降仪法就是使用分层沉降仪深入到土体内部,了解随施工开挖或深层降水引起的不同深度或不同土性的各层土体的实际变形,分析不同土层的受力状态以指导施工。

1. 仪器

分层沉降仪是一种地基原位测试仪器,适用于测量地基、基坑、堤防等底下各分层沉降量。根据测试数据变化,可以计算沉降趋势,分析其稳定性,监控施工过程等。与高精度钻孔测斜仪配合使用,是地基原位监测较理想的设备。图4-6就是带有探头和钢卷尺的分层沉降仪和带翼的磁环,它们配合工作就可以测出指定深度处土层的垂直活动情况。

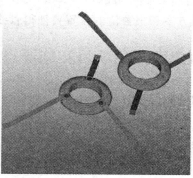

图 4-6　分层沉降仪

2. 工作原理

分层沉降仪所用传感器是根据电磁感应原理设计,将磁感应沉降环预先通过钻孔的方式埋入地下待测各点位,当传感器通过磁感应沉降环时,产生电磁感应信号送至地表仪器显示,同时发出声光警报,读取孔口标记点的对应钢尺的刻度值即为沉降环的深度。每次测量值与前次测量值相减即为该测点的沉降量。

3. 安装与测量

(1) 在待测处钻孔,准备安装分层沉降测试管,管的材质应为塑料等非金属材料。

(2) 在待装入钻孔内的测管的外侧指定位置处套上专门的磁性(感应)环,磁性环外有弹簧翼,安装时用纸绳将弹簧翼捆扎成闭合状。

(3) 将套有弹簧翼磁环的测管放入钻好的孔中。

(4) 定位后可向孔内灌适量的清水,纸绳被水浸透后在弹簧翼的张力作用下断裂,弹簧翼张开嵌入土层,成为可沿测管外壁随土层上下活动的目标磁环。在管外灌合适的填充料,填充空隙。

4.2.7　邻近地下管线沉降监测

1. 目的

基坑工程开挖会影响附近土层的稳定,使埋设在土层中的地下管线造成影响,严重时影响其正常使用。本项监测就是对影响区内的地下管线进行变形监测,一旦发生危险,影响其正常使用,可及时采取措施,制止负面影响的发展。

2. 方法

管线竖向位移用几何水准测量的方法进行观测。

3. 实施要点

(1) 进行光学水准观测时,都要严格保证基准点的稳定。

(2) 测点的布设,地下管线竖向位移监测点尽量直接布设在管线上(直接点)。必要时,直接设置的沉降测点应可兼作水平位移的测点。

(3) 监测范围内往往有很多管线,从技术上讲,监测的重点是离基坑开挖区由近到远;对于燃气管、上水管及油管与国计民生有重大利害关系的管线,其接头对(两侧的)差异沉降较敏感,其安全应得到充分的重视。

(4)监测方案和报警值的设置要征得管线单位的批准。

4.3 应力应变监测项目实施要点

4.3.1 支撑轴力监测

1. 目的

基坑中的支撑数量较多,遍布整个基坑,是整个基坑的支护体系中的重要组成部分。设计中每个支撑在一定的压应力(轴力)状态下工作,方可保证基坑的围护墙在开挖卸载过程中始终安全发挥"挡土"的作用,支撑中的应力过大和过小,会导致支撑失稳或失效的事故,均属不正常情况。支撑轴力的监测就是监测支撑的应力情况,保证基坑外的土体和环境的安全。

2. 方法

支撑主要分钢筋混凝土支撑和钢支撑两种。钢筋混凝土支撑通过在内部预埋测力元件来观测其工作时应力。常用测力元件分别为钢筋应力计、混凝土应力计和应变计。钢支撑用钢管制成,在安装时需要加预应力观测钢支撑的轴力,可将测力元件安装在钢管的表面,也可以在钢支撑的一端安装专用的"轴力计"来进行观测。

3. 实施要点

(1)测力元件的安装位置和使用的数量要遵守《基坑工程施工监测规程》(DG/TJ 08-2001—2006)中"第4.2.7条"的规定。

(2)观测钢筋混凝土支撑的轴力

常用测力元件为钢筋应力计、混凝土应力计和应变计。用它们观测钢筋混凝土支撑的轴力,可以有多种设置方法,但都要通过材料力学公式的简单计算才能得到轴力值。常用的组合如下:

① 用钢筋应力计和混凝土应力计同时观测钢筋混凝土支撑的轴力。

② 单用钢筋应力计观测钢筋混凝土支撑的轴力。

③ 用应变计测量钢筋应变来观测钢筋混凝土支撑的轴力。

计算的流程如图4-7所示。这些计算中会分别用到钢筋材料或混凝土材料的面积和弹性模量值(可按钢筋的弹性模量 $E_s = 2.1 \times 10^5$ MPa 和混凝土的弹性模量 $E_c = 3 \times 10^4$ MPa 取值,或使用委托方提供的数值)。

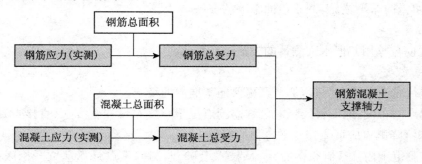

(a)用钢筋应力计和混凝土应力计同时观测钢筋混凝土支撑轴力的计算流程

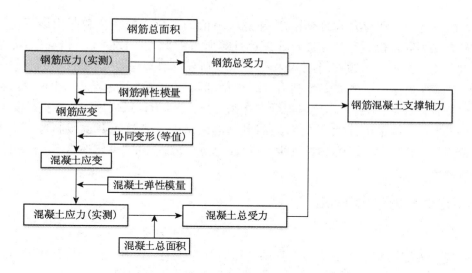

（b）单用钢筋应力计计算钢筋混凝土支撑轴力的计算流程

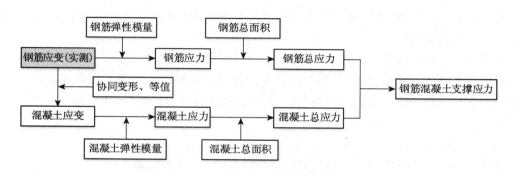

（c）用应变计计算钢筋应变来观测钢筋混凝土支撑轴力的计算流程

图 4-7 观测钢筋混凝土支撑轴力的计算流程

（3）观测钢支撑的轴力。用应变计来观测钢支撑的轴力，则要进行"应变"和"应力"间的换算，也要用到钢支撑材料弹性模量（可按 $E_s = 2.1 \times 10^5$ MPa 取值或使用委托方提供的数值）。计算流程如图 4-8 所示。

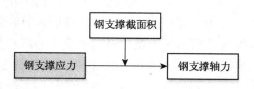

（a）用钢筋应力计观测钢支撑的轴力的计算流程

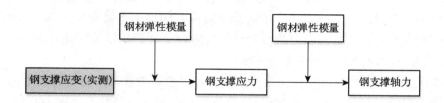

（b）用应变计观测钢支撑的轴力的计算流程

图 4-8 观测钢支撑轴力的计算流程

（4）在进行频率和应力值的换算时，注意应力值的正负方向变化和明确该变化代表的实际意义。测力元件的量程按照设计或理论计算所得的最大读数的 1.2 倍选取；支撑轴力计本身可承受 1.2 倍的过载使用，所以按设计最大荷载选取量程即可。

（5）严禁在支撑的活络端安装轴力计。支撑轴力计应在支撑吊装时一同安装，在钢支撑端部设置轴力计，将保护外套用电焊固定在钢支撑上，轴力计最后固定在保护外套中。

（6）若测力元件采用"振弦式"传感器，其观测结果的计算过程要遵照制造厂家规定的方法和使用厂家出具的"率定系数"逐步计算，注意每个传感器的"率定系数"是不一样的，使用时不可混淆。

4.3.2 围护体应力（应变）监测

1. 目的

围护体应力监测用以了解作为支护结构联合体中的柱/梁、桩/墙、围檩、腰梁等的内部应力（应变），进行安全度的控制和为设计中理论计算提供对比数据。

2. 方法

柱/梁、桩/墙、围檩、腰梁等大多为钢筋混凝土结构。对其内力的观测，细分应有钢筋内力和混凝土内力的区别。

1）钢筋（含钢结构本体）内力的监测方法

由于观测对象是钢质材料，材料工作在弹性区，其应力-应变关系比较明确。所以一般都用比较实际可行的应变测量方法测得受力后的应变，再推算出应力，也可以选用钢筋应力计来进行观测。

（1）使用粘贴式电阻应变计。

敏感元件用粘贴式的电阻应变计（片），可选用 4 mm×6 mm 或 5 mm×8 mm 大小尺寸的胶基箔式或丝式电阻应变计，电阻值可选用 120 Ω 或更大的。

可选用各种型号的静态电阻应变仪（数字式的优先）。近年来许多数据自动采集器可与电阻应变计匹配，也可选用。读数仪器的指标应不低于下列数据：分辨率 1 $\mu\varepsilon$，精度 1%。

测点布设原则是在设计指定或符合监测目的要求处（一般为预计应力最大/最小处，弯矩最大处），沿钢筋的纵向布点。为防止受弯曲变形的干扰，要在所测钢筋横断面圆周上相差 180°的两处安排应变计，取其读数的平均值即为纯拉压值。

电阻应变计要在被测构件制作完成尚未安装前粘贴。粘贴要用生产厂提供或推荐的粘贴胶和粘贴工艺进行。粘贴后要进行引线的焊接，引线一般沿钢筋引出，沿途每隔 100～300 mm 要将引线电缆固定（绑扎）在钢筋上。电阻应变计、引出线焊接点及周围 10～15 mm 的区域要做防水密封。常用的方法是用沾有环氧树脂的玻璃布带交叉缠绕 4 层以上，也有整体用环氧树脂浇注封闭的。保护的目的是使电阻应变计的绝缘电阻保持在（20～50）MΩ以上，能在混凝土中的潮湿环境中正常工作。

（2）使用点焊式（振）弦应变计。振弦式应变计通过附着在被测对象表面的振弦随着被测对象受力变形而自身（弦）出现松紧变化，导致其自振频率跟着发生变化，通过测量频率值变化来求得被测对象受力状况的变化。它具有安装方便，成活率高，防水性好，可以方便地在观测现场使用，外形如图 4-9 和图 4-10 所示。

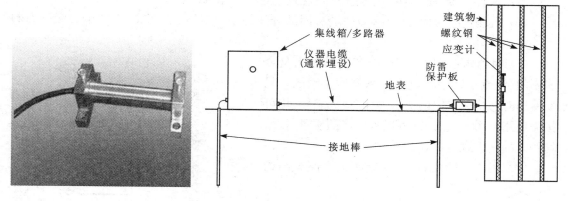

图 4-9　振弦式应变计　　　　图 4-10　振弦式应变计安装示意图

（3）使用钢筋应力计。使用钢筋应力计(图 4-11)可以直接观测钢筋内部的应力。使用时要把结构上待测钢筋在测点处截断,将等粗的钢筋应力计用电弧焊接的方法替代断的钢筋,并与钢筋笼一起埋入混凝土内。结构工作受力时,钢筋应力计将感受到的应力转换成电信号传到结构外,用专门的仪器接收和测量。

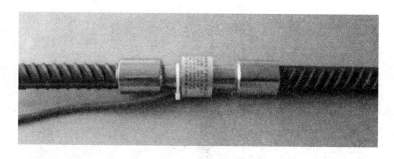

图 4-11　钢筋应力计

钢筋应力计和原钢筋断口处的搭接,要按有关规范中的规定进行。若采取电弧焊接的方法,焊接时要注意对钢筋应力计本体的降温,防止焊接时的高温损坏应力计的敏感元件。

2)混凝土内力的监测方法

（1）设备。在浇筑混凝土时,埋入特制的(内埋式)混凝土应变计(图 4-12),待混凝土固化后,应变计随结构中的混凝土一起变形,可用专用的仪器通过电缆传输将其变形量测出。

（2）注意事项:

（a）测点按设计要求安排,一般先考虑应力集中或变化剧烈之处。同时有些产品提供标准

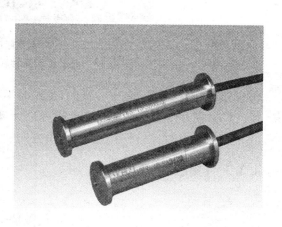

图 4-12　(内埋式)混凝土应变计

和低模量两种型号,使用时注意按实际情况选取进行模量匹配。

(b) 内埋式应变计的标距(即两端嵌固部分间的距离),应大于混凝土中最大级配石料尺寸的3～5倍。

(c) 因结构形式不同,有的产品的外表是金属制的(钢或不锈钢),有的是水泥砂浆制的。只要使用时严格按厂家的要求操作,应无差异,均可按需选用。图4-12是两种国外生产的质量、技术均较好的内埋式应变计。

(d) 图4-13详细给出了在钢筋混凝土结构中的安装方法。

3. 实施要点

(1) 常用测力元件分别为钢筋应力计和应变计,测内力采用钢筋应力计即可。

(2) 若测力元件采用"振弦式"传感器,其观测结果的计算过程要使用厂家出具的"率定系数"和遵照制造厂家规定的方法逐步计算,注意每个

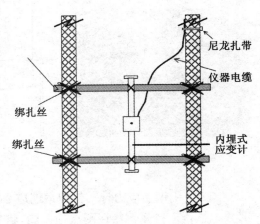

（a）内埋式钢筋应变计安装原理图

（b）实际现场中安装方法

图4-13　混凝土应变计在实际钢筋混凝结构中安装方法

传感器的"转换系数"是不一样的,使用时不可混淆。

(3) 应力计的量程按照设计或理论计算所得的最大读数的1.5倍选用,在进行频率和应力值的换算时,注意应力值的正负方向变化和明确该变化代表的实际意义。

4.3.3　(接触)土压力监测

1. 目的

土压力监测可以了解土层对基坑围护结构的作用力,即接触土压力,以土层本身自重为主,也包括地面上的恒载和动载。通过土压力测得数据掌握基坑周围的接触土压力的数值和变化,可用来判断结构支护体系的安全程度。

2．方法

土压力通过在监测区域周围埋设土压力传感器（土压力盒）方式进行观测，图4-14和图4-15是两种常用的土压力传感器。

选用土压力传感器要注意如下事项：

（1）土压力传感器的种类繁多，为了使土压力传感器的敏感面与土层的接触均匀和密切贴合，实际选用时应选用双膜式的或带有液体囊式的，目的是接触所产生的作用能均匀真实地传送到土压力传感器中的敏感元件上。

（2）每次测得的频率读数一定要先按标定曲线换算出应力后才可进行其余的力学计算。因为振弦式仪器的读数是频率值，它与最终的力学量应力值表现为非线性关系。

图4-14　带液体囊的振弦式土压力传感器

图4-15　另一种带液体囊的振弦式
土压力传感器

3．实施要点

1）土层压力观测时土压力传感器的安装

采用钻孔法安装。在地面指定处的土层中钻孔，深度按观测点的要求而定。先放入最下位置的一个土压力传感器，用与该深度土层相同土质的土将其四周填满，用膨润土小球封闭该土层；至第2个安装位置，重复上述操作，直至地面。

2）（接触）土压力观测时土压力传感器的安装

（1）挂布法：此方法适合在地下连续墙和钻孔灌注桩使用。将一面巨大的帆布包住钢筋笼，在帆布表面对应于安装土压力传感器的位置上设置口袋，土压力传感器预先放置于口袋内，其敏感膜应朝向土体一侧。该帆布随钢筋笼一起放入预先挖好的地下连续墙或钻孔灌注桩的成槽（孔）中就位，安装方法如图4-16所示。在浇筑混凝土时的压力将帆布向周围挤压，从而使帆布上的土压力传感器贴紧土体。该法在挂布放入成槽（孔）后，就完全凭浇筑混凝土的过程完成土压力传感器的就位，无法控制安装质量，成活率时高时低，不好掌握。

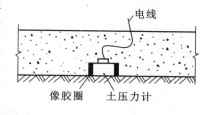

电线

像胶圈　土压力计

（a）安装示意图

图4-16　安装土压力传感器示意图

（2）压入法：此方法适合在地下连续墙和较大直径（600 mm以上）的钻孔灌注桩使用。它通过用液压千斤顶进行辅助安装，将土压力传感器和相应的千斤顶预先安装在钢筋笼内预定的位置，随钢筋笼一起放入地下连续墙的槽壁中；钢筋笼安放到指定位置之后，用千斤

（b）实际应用中的土压力计的安装

图 4-16　安装土压力传感器示意图

顶将土压力传感器压向槽壁的土体，紧密贴合，随后浇筑混凝土。压力计的电缆顺钢筋向上引出，并要加以有效的保护装置。

该安装方法比"挂布法"可靠，特别在大深度要求的条件下安装时成功率高，在钢筋笼上就位尺寸准确。

3）量程的选择和观测数据的计算

土压力传感器中的敏感器件采用振弦式的居多，在同一个观测项目中，总体上选用的传感器量程种类以 3～4 种为宜，不宜太多，易造成混乱。传感器量程按照设计或理论计算所得的最大读数的 1.5～2 倍选用。

4.4　地下水监测实施要点

4.4.1　地下水位监测

1. 目的

观测基坑外潜水层的水位，若出现水位急剧或明显下降，提示基坑围护体系漏水警报。也可以配合施工，观测土层深部含承压水层的水位（水压力）变化。

2. 方法

1）水位尺法

这种方法使用的仪器简单，性能可靠、操作方便，实施时只要在专门设置的水位测孔中放入带探头的柔性钢质水位尺（图 4-17），当探头碰到水面时，仪器会发出声响信号，此时钢尺对应井口的刻度代表水位深度。但是如果存在深浅不同的几个带压水层时，只能测最浅一层的水位。

图 4-17　水位尺

2）水压计法

将水压力探头（图 4-18），可使用孔隙水压力计）埋设到钻孔中的待测深度位置上，直接将该处的水压力转换成电信号，电信号沿探头后的电缆传到地面，用专门的仪器接收测量。

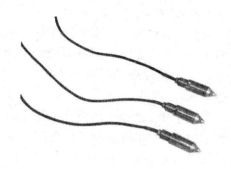

3．实施要点

1）水位尺测孔

（1）水位测管就位后，在相应水层的范围内用粗砂填充管外与孔壁土层间的间隙，在水层范围外用膨润土（球）封闭土层，直至管口。

（2）水位测管的端部应封闭，但在相应水层深度处应在管壁上留有进水孔，孔外用滤水材料（如棕皮）包扎。

图 4-18　水压力/孔隙水压力探头

（3）观测潜水水位时，水位测孔的深度应视被测土层的最低处或降水的实际效果而定，一般取 6～8 m，不能打穿潜水层下可能存在的承压水层。

（4）如果水位测孔的所在位置的地表发生较大沉降，要将地表沉降值加算到水位尺观测到的数据中，才能建立与地表发生沉降前的水位观测数据之间的连贯关系和比较关系。因为水位尺观测时是以水位测孔的孔口作为基点的。

（5）水位测孔（埋设）质量的好坏决定了水位观测的成败，特别是管外的滤水层一定要将浮沙挡在管外，否则浮沙进入管内沉积，会堵塞测管，影响使用。

2）水压计测孔

（1）水压计用钻孔的方法埋设，水位测孔的深度视最深的观测土层的深度而定。

（2）如果安装具有犹如子弹的外形的压入式水压计（图 4-19D），可以在地面用人力或机械产生的压力将其压入土层内，完成安装。但一个测孔只能安装一个水压计，而且能压入的深度有限。

（3）在同一测孔中要切实封闭各含承压水层，考虑到操作的实际把握性，一个测孔中安排的不同深度观测点不宜超过 3 个。

（4）常用的水压计是振弦式仪器，在进行频率读数和水压力值换算时，其观测结果的计算过程要遵照制造厂家规定的方法和使用厂家出具的"转换系数"逐步计算，注意每个传感器的"转换系数"的不同，使用时不可混淆。

（5）照设计或理论计算所得的最大读数的 1.5 倍选用传感器的量程。

4.4.2　孔隙水压力监测

1．目的

在施工过程中，通过监测孔隙水压力的变化情况来分析区域稳定性，孔隙水压力的分布可作为稳定计算的依据。

2．方法

孔隙水压力监测通过在需要监测的点位上埋设孔隙水压力传感器进行测量。图 4-19

是两种常用的孔隙水压力传感器。

3. 实施要点

（1）量程选择。按照设计或理论计算所得的最大读数的 1.5～2 倍选用传感器的量程。在同一个观测项目中，总体上选用的传感器量程种类以 3～4 种为宜，种类不宜太多，易造成混乱。

图 4-19　两种型号的孔隙水压力计

（2）型号选择。如果采用钻孔形式进行安装可以相应使用如图 4-19 所示的（U）孔隙水压力计。如果采用压入形式进行安装应使用如图 4-19 所示的（D）孔隙水压力计。

（3）数据计算。孔隙水压力传感器中的敏感器件采用振弦式的居多，可按照本文的相应条款要求进行观测数据的整理计算。

4.5　监测常用仪器

排水建设工程监测的主要物理量有：水平位移、竖向位移、应变、应力、压力等，一般采用几何测量方法或采用传感器进行，根据不同的工程特点、场地条件，监测项目、方法均有所不同，而采用的监测仪器及传感器亦不同。目前排水建设工程监测常用的监测仪器及传感器见表 4-1。

表 4-1　排水建设工程监测仪器及传感器使用现状表

监测项目	使用仪器及传感器	仪器及传感器使用现状	备注
水平位移	经纬仪、全站仪、GPS 接收机	徕卡、天宝、南方、苏州一光等仪器	进口设备相对使用较少
竖向位移	水准仪、静力水准仪	徕卡、南方、苏州一光、北光等国产仪器	
倾斜测量	测斜仪（活动式、固定式）	SINCO、北京航天使用较多，其余厂家较少	
应力测量	钢筋计、应变计（振弦式、差阻式）	多数采用金坛市厂家等振弦式仪器，较少采用其他厂家	使用不带测量温度的仪器较多
结构内力	应变计、钢筋计（振弦式、差阻式）	多数采用金坛市厂家等振弦式仪器，较少采用其他厂家	使用不带测量温度的仪器较多
分层沉降	电磁沉降仪、磁环	多数采用 PVC 管，电磁沉降仪各厂家均有使用	
空隙水压力	渗压计（振弦式、差阻式）	各厂家均有使用	
水位	测压管、电测水位计	多数采用 PVC 管，电磁沉降仪（水位仪）各厂家均有使用	
土压力	土压力计（振弦式、差阻式）	多数采用金坛市厂家等振弦式仪器，较少采用其他厂家	

4.5.1　常用大地测量仪器简介

1. 水准仪

水准仪的工作原理：水准测量是利用水准仪提供的水平视线，借助于带有分划的水准尺,直接测定地面上两点间的高差,然后根据已知点高程和测得的高差,推算出未知点高程。目前水准仪主要分为:微倾水准仪、自动安平水准仪、激光水准仪(激光扫平仪)和数字水准仪(又称电子水准仪)。

电子水准仪与光学水准仪在结构上有许多相同之处,区别在于:电子水准仪采用CCD传感器识别水准尺上的条码分划,用影像相关技术,由内置计算机程序自动算出水平视线读数、视准线长度并记录在数据模块中,记录的数据可由仪器直接传输到计算机中。它不仅取代了人工目视读数,还实现了数据的自动记录、检查、传输等,有利于数据处理的自动化,提高水准测量效率,尤其对于监测测量,测量数据的迅速处理,为基坑的险情及时预警提供了条件。

图 4-20 水准仪

水准仪(图4-20)按精度分为精密水准仪和普通水准仪。按结构分为微倾水准仪、自动安平水准仪、激光水准仪(激光扫平仪)和数字水准仪(又称电子水准仪)。

水准仪的分级:目前,我国水准仪是按仪器所能达到的每千米往返测高差中数的偶然中误差这一精度指标划分的,共分为4个等级:国内水准仪型号都以DS开头,分别为"大地"和"水准仪"的汉语拼音第1个字母,通常书写省略字母D。其后"05"、"1"、"3"、"10"等数字为以mm为单位的1km往返测量中误差值,表示该仪器的精度。S3级和S10级水准仪又称为普通水准仪,用于三、四等水准及普通水准测量,S05级和S1级水准仪称为精密水准仪,用于一、二等精密水准测量。用于城市排水工程施工监钡0的一般为S05、S1级精密水准仪。为保证读数的稳定性,通常采用自动安平水准仪。常用水准仪的型号及技术规格见表4-2。

表 4-2　　　　　　　　国内目前监测常用的水准仪型号和规格

仪器型号	每千米往返测量标准偏差	备注
南方 DL3003	±0.3 mm	数字水准仪
南方 DL3007	±0.7 mm	数字水准仪
南方 DL-201	±1.0 mm	数字水准仪
南方 DL-202	±1.5 mm	数字水准仪
博飞 DAL1032	±1.5 mm	数字水准仪
博飞 DAL1032R	±1.0 mm	数字水准仪
中纬 ZDL700	±0.7 mm	数字水准仪
苏光 El302A	±0.7 mm	数字水准仪
天宝 Trimble DiNi03	±0.3 mm	数字水准仪
徕卡 Leica DNA03	±1.0 mm(标准尺) ±0.3 mm(铟钢尺)	数字水准仪
徕卡 Leica DNA10	±1.5 mm(标准尺) ±0.9 mm(铟钢尺)	数字水准仪
拓普康 TOPCON DL-101C	±0.4 mm	数字水准仪
苏州一光 DSZ2	±1.5 mm	
苏州一光 DSZ2+FS1	±0.5 mm	

续　表

仪器型号	每千米往返测量标准偏差	备注
博飞 SZ1032	±1.0 mm	
博飞 SZ1033＋DFS1	±0.5 mm	
宾得 PENTAX AFL320	±0.8 mm	
宾得 PENTAX AFL320＋SM3	±0.4 mm	
徕卡 Leica NA2	±0.7 mm	
徕卡 Leica NA2＋GPM3	±0.3 mm	

2. 经纬仪

经纬仪是测量工作中的主要测角仪器,它的工作原理:通过仪器上的照准部、水平度盘、竖直度盘等部件进行水平角、竖直角观测。目前经纬仪主要分为:光学经纬仪、电子经纬仪。

电子经纬仪采用电子测量角度,与光学经纬仪相比具有许多优点。电子经纬仪仅需照准目标,水平角和垂直角能同时显示,角度读数快速,并且消除了读数误差。采用双轴倾斜传感器来检测仪器的倾斜,从而通过补偿器补偿由于仪器的倾斜所造成的水平角和垂直角的误差,提高了测量精度。角度读数可直接从仪器输入计算机并记录和对数据进行处理,不需手工记录,避免了记录上错误。

图 4-21 是光学经纬仪和电子经纬仪,根据度盘刻度和读数方式的不同,可分为游标式经纬仪、光学经纬仪和电子经纬仪。目前,我国主要使用

图 4-21　光学经纬仪和电子经纬仪

光学经纬仪和电子经纬仪,游标经纬仪已被淘汰。常用经纬仪的型号及技术规格见表 4-3。

表 4-3　　　　　　　　　国内目前监测常用的经纬仪型号和规格

仪器型号	测角精度	备注
南方 DT-02	±2″	数字经纬仪
宾得 PENTAX EYH-332	±2″	数字经纬仪
拓普康 TOPCON DT-202	±2″	数字经纬仪
索佳 SOKKIA DT210	±2″	数字经纬仪
尼康 Nikon NE203	±2″	数字经纬仪
常州大地 DE2A	±2″	数字经纬仪
科力达 DT02	±2″	数字经纬仪
赛特 SJDJ-02L	±2″	数字经纬仪
博飞 DJD2CL	±2″	数字经纬仪
苏州一光 LT402L	±2″	数字经纬仪
苏州一光 J2-2	±2″	

续表

仪器型号	测角精度	备注
博飞 TDJ2E	±2″	
博飞 TJJ2E	±2″	
威特 WILD T2	±2″	
克恩 KERN DKM2-A	±2″	
蔡司 ZAISS Theo010A	±2″	

国内经纬仪采用 DJ07，DJ1，DJ2，DJ6，DJ（15），DJ60 系列，"D"为"大地测量"汉字拼音的第 1 个字母，"J"为"经纬仪"汉字拼音的第 1 个字母，"07"、"1"、"2"、"6"、"15"、"60"等为秒为单位的一测回水平方向观测中误差。用于城市排水工程施工水平位移监测的一般为 DJ07，DJ1，DJ2 级经纬仪。

3. 全站仪

全站仪是一种集光、机、电为一体的高技术测量仪器，是集水平角、垂直角、距离（斜距、平距）、高差测量功能于一体的测绘仪器系统。是在电子经纬仪的基础上增加了电子测距的功能，使得仪器不仅能够测角、测距，而且测量距离长、时间短、精度高。全站型电子速测仪是由电子测角、电子测距、电子计算和数据存储单元等组成的三维坐标测量系统，测量结果能自动显示，并能与外围设备交换信息的多功能测量仪器。由于全站型电子速测仪较完善地实现了测量和处理过程的电子化和一体化，所以人们也通常称之为全站型电子速测仪或称全站仪。广泛用于地上大型建筑和地下隧道施工等精密工程测量或变形监测领域。全站仪的特点：

（1）仪器操作简单，高效。全站仪具有现代测量工作所需的所有功能。

（2）快速安置。简单整平和对中后，仪器一开机后便可工作。仪器具有专门的动态角扫描系统，因此无需初始化。关机后，仍会保留水平和垂直度盘的方向值。电子"气泡"有图示显示，并能使仪器始终保持精密置平。

（3）全站仪设有双向倾斜补偿器，可以自动对水平和竖直方向进行修正，以消除竖轴倾斜误差的影响，还可进行地球曲率改正、折光误差以及温度、气压改正。

（4）适应性强。全站仪是为适应恶劣环境操作所制造的仪器。它们经受过全面的测试以便适应各种作业条件，例如，雨天、潮湿、冲撞、尘土和高温等，因此，它能在较苛刻的环境下完成作业任务。

（5）控制面板具有人机对话功能。控制面板由键盘和主、副显示窗组成，除照准以外的各种测量功能和参数均可通过键盘来实现，仪器的两侧均有控制面板，操作十分方便。

（6）具有双向通讯功能，可将测量数据传输给电子手簿或外部计算机，也可接受电子手簿和外部计算机的指令和数据。

全站仪的精度主要分为测角精度和测距精度，测角精度的分类同经纬仪分类，测距精度主要分为三级。

$$m_{\mathrm{D}} = (A + B \cdot D \cdot 10^{-6}) \tag{4-1}$$

式中　m_{D}——测距标准偏差，mm；

A——固定误差，mm；

B——比例误差系数，ppm；

D——被测距离值，mm；

Ⅰ级—— $m_D \leqslant (3 + 2 \cdot D \cdot 10^{-6})$；

Ⅱ级—— $(3 + 2 \cdot D \cdot 10^{-6}) < m_D \leqslant (5 + 5 \cdot D \cdot 10^{-6})$；

Ⅲ级—— $(5 + 5 \cdot D \cdot 10^{-6}) < m_D \leqslant (10 + 10 \cdot D \cdot 10^{-6})$。

图 4-22　全站仪

目前，世界上最高精度的全站仪测角精度（一测回方向标准偏差）可达 0.5″，测距精度可达 0.8 mm＋1 ppm。利用 ATR 功能，白天和黑夜（无需照明）都可以工作。全站仪既可人工操作也可自动操作，既可远距离遥控运行也可在机载应用程序控制下使用。高精度全站仪在城市排水工程水平位移、竖向位移监测中已得到了较为广泛的使用。

常用的全站仪的型号及技术规格见表 4-4。

表 4-4　　　　　　　　　　　　国内目前监测常用的全站仪型号和规格

仪器型号	测角精度	测距精度	测距里程	备注
中纬 ZTS602	±2″	2 mm±2 ppm	3 000 m（单棱镜）	棱镜\反射片
瑞得 RTS862R/R5	±2″	2 mm±2 ppm	5 000 m（单棱镜）350 m（无棱镜）	
莱纳得 LTS-352	±2″	2 mm±2 ppm	4 000 m（单棱镜）350 m（无棱镜）	
南方 NTS-342R5	±2″	2 mm±2 ppm	5 000 m（单棱镜）300 m（无棱镜）	
南方 NTS-332R5	±2″	2 mm±2 ppm	5 000 m（单棱镜）500 m（无棱镜）	
南方 NTS-312\5B	±2″	2 mm±2 ppm	2 000 m（单棱镜）300 m（无棱镜）	
南方 NTS352R	±2″	2 mm±2 ppm	5 000 m（单棱镜）300 m（无棱镜）	
苏州一光 0TS812N	±2″	2 mm±2 ppm	5 000 m（单棱镜）	（良好天气）
徕卡 Leica TCA2003	±0.5″	1 mm±1 ppm	2 500 m（单棱镜）	
徕卡 Leica TS02	±2″	2 mm±2 ppm	3 500 m（单棱镜）250 m（反射片）	
拓普康 TOPCON GTS-721	±2″	2 mm±2 ppm	3 000 m（单棱镜）	
天宝 Trimble S8	±2″	2 mm±2 ppm	2 500 m（单棱镜）	
尼康 Nikon DTM-552	±2″	2 mm±2 ppm	2 700 m（单棱镜）	
索佳 SOKKIA NET05	±2″	2 mm±2 ppm	3 500 m（单棱镜）	
宾得 R422	±2″	2 mm±2 ppm	10 000 m（单棱镜）550 m（无棱镜）	
宾得 W822NX	±2″	2 mm±2 ppm	3 500 m（单棱镜）300 m（无棱镜）	
宾得 W825NX	±5″	2 mm±2 ppm	3 000 m（单棱镜）	
博飞 BTS-820A	±2″	2 mm±2 ppm	2 000 m（单棱镜）	
科维 TKS-202R	±2″	2 mm±2 ppm	2 000 m（单棱镜）	
欧波 FTS50/500/400	±2″	2 mm±2 ppm	2 000 m（单棱镜）	
三鼎 750RL	±2″	2 mm±2 ppm	5 000 m（单棱镜）300 m（无棱镜）	

4. GPS 接收机

1）GPS 测量的基本原理

GPS 测量是应用全球卫星定位技术、计算机技术、数据通信技术及数据处理与分析技术，通过技术的集成，实现从数据采集、传输、管理到变形分析、预报的全自动化监测。

GPS 全球卫星定位系统由三部分组成：空间部分即 GPS 星座，地面控制部分，也就是地面监控系统，用户设备部分也就是 GPS 信号接收机。GPS 卫星可以连续向用户播发用于导航定位的测距信号和导航电文，并接收来自地面监控系统的各种信息和命令以维持正常运转。地面监测系统主要功能是：跟踪 GPS 卫星、确定卫星的运行轨道及卫星改正数，进行预报后再按规定的格式编制成导航电文，并通过注入站送往卫星；还可以通过注入站向卫星发布指令，调整卫星轨道及时钟读数，修复故障或启用备件等。用户则用 GPS 接收机捕获到按一定卫星截止角所选择的待测卫星，并跟踪这些卫星的运行。当接收机捕获到跟踪的卫星信号后，即可测量出接收天线至卫星的伪距离和距离的变化率，解调出卫星轨道参数等数据。根据这些数据，接收机中的微处理计算机就可按定位解算方法进行定位计算，计算出用户所在地理位置的经纬度、高度、速度、时间等信息。

目前，世界上的卫星导航定位系统有多种，如美国的 GPS 系统、俄罗斯的 GL()NASS 系统、欧盟的 Galileo 系统、我国自行研制的北斗系统等。

2）采用 GPS 进行变形监测的特点

（1）测站间无需通视。它使变形监测点布设方便而且灵活，减少了中间传递过渡点和对观测精度的影响，减小作业成本。

（2）可同时提供测点三维位移信息。采用 GPS 技术可以同时精确测定监测点的三维坐标和三维位移信息。而传统常规的测量方面平面和竖向位移采用不同方法进行，无法同时获取信息，同时工作量也增大很多。

（3）监测精度高。在 300～1 500 m 工程精密定位中，1 h 以上观测的解其平面位置误差小于 1 mm，在基坑监测时一般 GPS 接收机天线保持固定不动，天线误差和传播误差可以削弱，提高了监测精度。GPS 测量的实践证明用 GPS 实时进行变形监测可以得到 ±(0.5～2)mm 的精度。

（4）可以全天候监测。由于 GPS 全球卫星定位技术在配置防雷电设施后可以进行全天候监测，克服了传统常规方法在刮风有雾、下雨、下雪等异常气候时无法作业的弊端。为实现长期的全天候观测创造了条件，在基坑的防洪防汛，地质灾害监测等关键时刻有十分特殊的应用价值。

（5）操作简便，易于实现自动化。GPS 接收机自动化程度越来越高，人机对话，使用方便，同时体积小，利于搬运安置与操作。

图 4-23 GPS 接收机

在排水工程施工监测中一般采用 GPS 静态测量或快速静态测量。GPS 静态测量通过在多个测站上进行若干时段同步观测，确定测站之间相对位置。快速静态测量是利用整周模糊度解算法原理所进行的 GPS 静态测量。GPS 静态测量是主要用于水平监测网的建立和水平监测点测量。GPS 常用型号和规格见表 4-5。

表 4-5 国内目前排水工程施工监测常用的 GPS 型号和规格

仪器型号	水平精度	垂直精度	备注
中海达 V10	±2.5 mm+1 ppm	±5 mm+1 ppm	静态测量精度
南方 灵锐 S82	±3 mm+1 ppm	±5 mm+1 ppm	静态测量精度
南方 灵锐 S86	±3 mm+1 ppm	±5 mm+1 ppm	静态测量精度
华测 X91GNSS	±2.5 mm+1 ppm	±5 mm+1 ppm	静态测量精度
华测 i60GNSS	±2.5 mm+0.5 ppm	±5 mm+0.5 ppm	静态测量精度
司南 T300	±2.5 mm+1 ppm	±5 mm+1 ppm	静态测量精度
苏光 SGS828	±2.5 mm+1 ppm	±5 mm+1 ppm	静态测量精度
博飞 GJS101-F90	±3 mm+1 ppm	±5 mm+1 ppm	静态测量精度
三鼎 天逸 T20E	±3 mm+1 ppm	±5 mm+1 ppm	静态测量精度
科力达 GPSK9E	±3 mm+1 ppm	±5 mm+1 ppm	静态测量精度
华星 GPS A3	±5 mm+1 ppm	±10 mm+1 ppm	静态测量精度
徕卡 Leica GX1230GG	±3 mm+0.5 ppm	±6 mm+0.5 ppm	静态测量精度
拓普康 R3	±3 mm+0.5 ppm	±5 mm+0.5 ppm	静态测量精度
天宝 R8 GNSS	±5 mm+0.5 ppm	±5 mm+1 ppm	静态测量精度
宾得 PENTAX Smart8800	±5 mm+1 ppm	±10 mm+2 ppm	静态测量精度
光谱 EPOCH 25 RTK GPS	±5 mm+0.5 ppm	±5 mm+1 ppm	静态测量精度
麦哲伦 ProMarkTM 500	±5 mm+0.5 ppm	±10 mm+0.5 ppm	静态测量精度

4.5.2 常用变形监测仪器简介

4.5.2.1 测斜类仪器

测斜类仪器通常分为测斜仪和倾角计(仪)两类。用于钻孔内测斜管内的仪器,习惯称之为测斜仪,有垂直测斜仪和水平测斜仪两种。垂直测斜仪通常安装在穿过不稳定土层至下部稳定地层的垂直钻孔内,使用数字垂直活动测斜仪探头,控制电缆,滑轮装置和读数仪来观测测斜管的变形。而设置在基岩或建筑物表面,用作测定某一点转动量,或某一点相对于另一点竖向位移量的仪器称为倾角仪。

测斜仪的传感器形式有很多种,有伺服加速度计式、电阻应变片式、电解质式、振弦式、电感式、差动变压器式等。国内多采用伺服加速度计式和电解质式。测斜仪的精度,不宜低于 0.25 mm/m,分辨率不宜低于 0.02 mm/500 mm。

常用测斜仪的规格和型号见表 4-6。

表4-6 常用部分测斜仪的规格和型号

项目	垂直	水平	垂直	水平	水平	垂直	水平	垂直	水平
型号	50302510	50303510	GK-6000	GK-6015	BGK	RT-20	JTM-U6000F	CX-03	GN-3
轮距/mm	500		500		500	500	500	500	500
传感器	数字加速度		伺服加速度		微机械电子MEMS	伺服加速度	数字加速度	伺服加速度	电解质式
量程	±53°		±53°		±15°	±30°	±15°	±50°	'0~12°
分辨力	±0.02 mm/500 mm		±0.025 mm/500 mm		±0.05 mm/500 mm	±0.01 mm/500 mm	8″	0.02 mm/8″	≤0.02%FS
线性误差/%FS	0.02		0.02		0.02	0.02	0.06	0.06	≤1
系统精度	±6 mm/50个读数		±6 mm/30 m		±6 mm/325 m	±6 mm/30 m	±6 mm/30 m	±4 mm/15 m	±5 mm/25 m
温度范围/℃	-20~50		0~50		0~85	-25~65	-20~50	-10~50	0~70
尺寸/mm	Φ26×650		Φ25×700		Φ25×700	Φ24×700	Φ30×700	Φ32×660	25/38 mm
重量/kg	VA		7.5		7.5	VA	2	2.5	6
材料	不锈钢		不锈钢		不锈钢	不锈钢	不锈钢	不锈钢	不锈钢
生产厂家	美国Sinco		美国Goekon		北京Goekon	加拿大Rocktest	常州金土木	北京33所	南京葛南

注：①表中部分厂家产品质量较好，部分产品质量一般，以满足不同档次的需要，由于时间和调研范围的限制，可能部分产品质量较好的厂家伪劣于此，望读者参考使用。

②FS(full scale满量程)；仪器测量范围0~a；0.02%FS就表示0.02%×a线性误差。

1. 活动式测斜仪

（1）用途。活动式测斜仪有垂向和水平测斜仪两类，是建筑物及基础侧向位移观测中应用较多的一种测斜仪，精度高、长期稳定性好。垂向测斜仪广泛用于监测基坑围护等工程的内部水平位移及其分布；水平测斜仪则可监测工程内部沿某一水平方向的垂向位移（沉降）及其分布。它们均是通过量测预先埋设在被测工程的测斜管倾斜变化来求得其水平位移和垂向位移的。

（2）结构形式。整套活动式测斜仪装置包括装有高精度传感元件的测头、专用电缆、读数仪等组成。测头内的传感元件大多采用精度很高的伺服加速度计，有双向和单向两种，连接电缆具有钢丝加强的多芯专用电缆，具有良好的尺寸稳定性；读数仪自带功能软件，一般有手工操作记录型和数据采集存储型；测斜管多为材质较好的 ABS 塑料、铝合金等材料专门加工而成，管内有互成 90°的 4 个导向槽。

图 4-24 为垂直活动测斜仪。

（a）测斜仪原理图

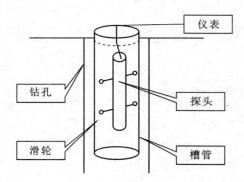

（b）测斜示意图

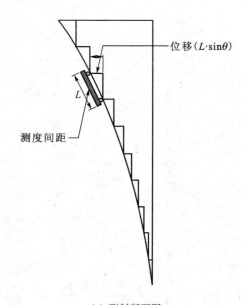

（c）测斜断面图

图 4-24　垂直活动测斜仪

（1）工作原理

① 工作原理如图 4-25 所示，当开始时，测斜仪停留在测斜管底部 L 深度处，此时测斜管与铅垂线的夹角为 t_1，水平位移偏量 $S_1 = L \cdot \sin t_1$。

② 接下来将测斜仪提高 L 的距离达到 $2L$ 深度处，此时测斜仪的下滑轮正好处在上一次的上滑轮停留的位置，则 $S_2 = S_1 + L \cdot \sin t_2$。

③ 再将测斜仪提高一个 L 的距离达到 $3L$ 深度处，则 $S_3 = S_2 + L \cdot \sin t_3$。

④ 不断上提测斜仪，水平位移 $S_n = S_{n-1} + L \cdot \sin t_{n-1}$。 (4-2)

⑤ 实际上测斜管不一定向一个方向偏移，而是呈 S 形的弯曲状，所测的 t 角有大有小，或正或负。

⑥ 必要时，上述①—⑤的累计过程也可以从测斜管的最上端开始，依次向下累计。

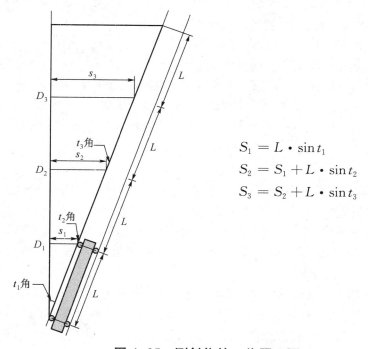

$$S_1 = L \cdot \sin t_1$$
$$S_2 = S_1 + L \cdot \sin t_2$$
$$S_3 = S_2 + L \cdot \sin t_3$$

图 4-25 测斜仪的工作原理图

2. 固定式测斜仪

（1）用途。固定式测斜仪是在活动式测斜仪基础上发展起来的，是由测斜管和一组串联安装的固定测斜传感器组成，主要用于边坡、堤坝、混凝土面板等岩土工程的内部水平、竖向位移或面板挠度变形观测，可用在常规型测斜仪难于测读或无法测读的地方。

（2）结构形式及工作原理。固定式测斜仪装置包括固定式传感器、连接杆、连接电缆、遥测集线箱、测斜管和读数仪。工作原理与活动式的测斜仪类同，所不同的是根据工程需要将多个探头成串固定于测斜管内多个位置，之间由连接杆连接固定串接而成。

根据监测项目的不同也分为垂向和水平向固定式测斜仪两类，其传感器可为伺服加速度计式、振弦式、电解质式，目前应用较多的为电解质式。其传感器也有单向和双向两种，单向只测量一个方向的位移,双向可以测量两个方向的位移,进而可计算出垂直于测斜管埋设方向平面内的合位移和位移方向。

3. 倾斜计

(1)用途。倾斜计又叫点式倾斜仪,是一种监测结构物和岩土的水平倾斜或垂直倾斜(转动)的快速便捷的观测仪器。按工作方式分为便携式、固定式两类,按监测内容及安装方式分为水平向及垂直向倾斜仪。

(2)结构形式及工作原理:

① 便携式倾斜计由倾斜盘、倾斜计和读数仪三部分组成。应用时将倾角计基座水平或垂直固定于岩(土)体或建筑物结构表面上,利用读数仪可在逐个基座上分别测量。便携式倾斜计工作原理与伺服加速度计式活动测斜仪相同。仪器内装有伺服加速度计,读数仪与活动测斜仪通用。该仪器人工测量,操作简单,使用方便。

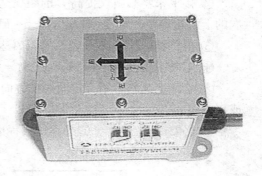

图 4-26 倾斜计

② 固定式倾斜计是直接固定于岩(土)体或建筑物结构表面上,长期监测其倾斜微小变化的高精度监测仪器,类型有电解质式、振弦式等。常用的为电解质式单轴倾斜计,可水平或垂直安装。

4.5.2.2 静力水准仪

(1)静力水准系统是测量基础和建筑物各个测点间相对高程变化的精密仪器。主要用于测点间不均匀沉降测量。静力水准仪可以分为振弦式多点静力水准仪、电容感应式静力水准仪、磁致式静力水准仪等。静力水准系统一般安装在被测物体等高的测墩上或被测物体墙壁等高线上,通常采用一体化模块化自动测量单元采集数据,通过有线或无线通信与计算机连接,从而实现自动化观测。

(2)工作原理:静力水准仪通常又称为液体静力仪,利用连通管原理制造,如图 4-27 所示。在两个完全连通容器中充满液体,当液体完全静止后,1、2 两个连通容器内的液面应同在一个大地水准面上,即 $H_1 0$。假设测点 1 的基墩不变,测点 2 的基墩上升,则两个连通容器内液面相对于基墩面的高度变化 H_1 为增加,H_2 减少,而达到新的水准面。

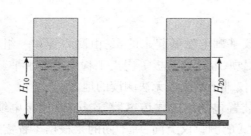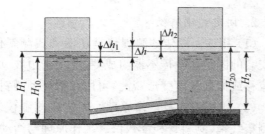

图 4-27 静力水准原理图

测得液面变化量、即可求得测点相对高差,也就可知道测点竖向位移。常用静力水准仪的型号及技术规格见表4-7。

表4-7 国内常用部分静力水准仪主要参数表

生产厂家	型号	工作原理	测量范围/mm	分辨力/%FS	精度/%FS	适应温度/℃	环境湿度/℃
北京基康	BGK-680	CCD	10～50	0.01	VA	−20～65	100
上海凯岩	ZKSZ-100	CCD	100	0.01	VA	−40～85	VA
北京基康	BGK-4675	振弦式	100、150、300、600	0.025	±0.1	−20～80	≥95
南京南瑞	RJ	电容式	0～10、20、50	≤0.05	≤0.7	−20～60	VA
武汉科衡	JTM-U800	磁致式	100、150、200	0.01	0.01	−25～60	≥95
北京联通四方	TL-XJL	磁致式	0～100	≤0.01	VA	−25～60	VA
北京卓乐康	ZLKZXS	振弦式	300、500、800、1 500	0.025	0.5	−25～60	VA

4.5.2.3 电磁沉降仪

电磁沉降仪也称分层沉降仪,适用于土体的分层沉降量的观测。仪器由测头、测尺、滚筒、沉降管、波纹管和沉降环组成,测头由圆筒形密封外壳和电路板组成。测头一端系有30～100 m带有刻度的测尺及电缆,测尺和电缆平时盘绕在滚筒上,滚筒与测尺、电路板、电池和脚架连成一体。沉降管由硬聚氯乙烯塑料制成,连接管接头有伸缩式和固定式两种。沉降环形式有铁环式、叉簧片式等,沉降环的数量和埋设间隔根据土体分层测量需要而设置,一般为2～3 m。

电磁式沉降仪的原理是利用土体内埋设在硬质塑料管及波纹管外套的金属沉降环的位移实现土体沉降变形观测。沉降管及沉降环一同埋入土体内,当土体发生沉降变形时,沉降环也随土体同步位移。隔一定时间将测头放入管内,利用电磁测头测得沉降环距管口的距离变化,即可测量出各沉降环所在位置的相对沉降。再用水准测量方法测定管口高程加以修正,才可获得土体深层各测点的分层绝对沉降变形量。常用电磁沉降仪的型号及技术规格见表4-8。

表4-8 国内外常用部分电磁式沉降仪主要参数表

生产厂家	型号	测量深度/m	最小读数/mm	测头尺寸/mm	耐水压/MPa	电源	构造型式
美国 Sinco	57817110	30,50,100,150	2	Φ16,Φ43	2	9 VDC	激光刻电缆
加拿大 Rocktest	R-4	30～50	1	Φ16	VA	9 VDC	钢尺电缆
北京基康	BGK-1900	50,100,150,200	1	Φ16	2	9 VDC	钢尺电缆
南京南瑞	NCJM	30,50,100	1	Φ16	3	12 VDC	钢尺电缆
常州金土木	JTM-800	30,50,100,150,200	1	Φ30×140	3	9 VDC	钢尺电缆
金坛传感器厂	DJK,JDSC-30	30,50	1	Φ30	VA	9 VDC	钢尺电缆

4.5.3 常用应力应变监测电传感器简介

1. 钢筋计

钢筋计又称钢筋应力计,是用于长期埋设在水工结构物或其他混凝土结构物内,测量结构物内部的钢筋应力,并可同步测量埋设点的温度的振弦式传感器,广泛应用于桥梁、建筑、铁路、交通、水电、大坝等工程领域的混凝内部的应力-应变测量，充分了解被测构件的受力状态。常用的钢筋计有振弦式和差动电阻式两种，安装方式有焊接、姊妹杆绑扎和螺纹连接3种方式。

1）振弦式钢筋计

（1）结构形式：振弦式钢筋计由钢套、连接杆、弦式敏感部件、线圈和电缆等组成，如图4-28所示。

（2）工作原理：将钢筋计与所测量的钢筋采用焊接或螺纹方式连接在一起，当钢筋所受的应力变化时，振弦式钢筋计输出的频率信号发生变化。电磁线圈激

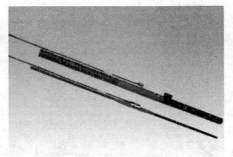

图4-28　振弦式钢筋计

拨钢弦并量测其振动频率，频率信号经电缆传输至频率读数装置或数据采集系统，再经换算即可得到钢筋应力的变化量，同时由钢筋计中的热敏电阻可同步测量埋设点的温度值。

2）差动电阻式钢筋计

（1）结构形式：差动电阻钢筋计主要由钢套、敏感部件、紧定螺丝、电缆及连接杆组成，如图4-29所示。其中敏感部件为小应变计，用6个紧定螺钉固定在钢套中间。钢套两端连接杆与钢套焊接。

（2）工作原理：差阻式钢筋计埋设于混凝土内，钢筋计连接杆与所要测量的钢筋通过焊接连接在一起，当钢筋的应力发生变化而引电阻感应组件发生相对位移，从而使感应组件上两根电阻丝的电阻值发生变化，其中一根减小，另一根增大。通过差阻式钢筋

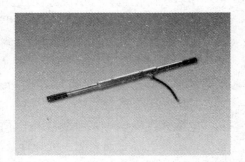

图4-29　差阻式钢筋计

计实测资料，不仅可以计算到钢筋中的应力，而且可以计算到埋设点的混凝土温度。相应电阻比发生变化，通过电阻比指示仪测量其电阻比变化及测量电阻值的变化，从而得到钢筋应力的变化量及温度的变化。

常用的振弦式及差阻式钢筋应力计的型号及技术规格见表4-9。

表4-9　　　　　　　　振弦式及差阻式钢筋应力计的型号及技术规格

生产厂家	北京基康	常州土木	南京葛南	南京南瑞	南京南瑞	国电南自	南京林经	北京基康
型号	BGK-4811/11A	JTM-V1000	VWR	NVR	NZR	KL	R	BGK-FBG-4911
工作原理	振弦式	振弦式	振弦式	振弦式	差阻式	差阻式	差阻式	光纤光栅
配用钢筋直径/mm	12～40	10～40	20～40	12～43	16～40	16～40	22～36	12～40
量程/MPa	0～400	−100～200，300，400		−100～200，300，400		0～400	−100～200	0～400
分辨力/% FS	0.025	≤0.1	≤0.1	≤0.05	≤0.05	≤0.05	≤0.05	0.5
工作温度/℃	−20～+80	−20～+60	−30～+70	−20～+60		−25～+60		−30～+80
测温精度/℃	±0.5	±0.5	±0.5	±0.5	±0.5	±0.5	±0.5	±0.5
测温方式	热敏电阻	热敏电阻	热敏电阻	热敏电阻	铜电阻	铜电阻	铜电阻	光栅

2. 应变计

应变计是用来测量结构应变的传感器。从安装位置分，有埋入式应变计和表面应变计；从工作原理分，有差动电阻式、振弦式、差动电感式、差动电容式和电阻应变式等。

国内常采用差动电阻式应变计，配合无应力式应变计，进行混凝土应力-应变观测。（通常采用在成对埋设的钢筋计旁埋设 1 个无应力计来修正钢筋应力测值，无应力计的作用是测试混凝土中非荷载应变，大部分为温度应变，国内国际上已有较多的应用，其埋设工艺采用双层小筒隔断混凝土内部应力的传递，观测温度、徐变、自由体积变化产生的非荷载应变）近年来也越来越多使用振弦式应变计，它与其他形式的应变计相比，分辨率高，且不受电缆长度影响。在排水工程中应用较多的是振弦式应变计及差动电阻式应变计。

1）差动电阻式应变计

差动电阻式应变计是大坝、大型排水工程等混凝土结构应力应变监测中常用的埋入式仪器之一，其原理是利用张紧在仪器内部的两根交叉的弹性钢丝作为感应元件，将仪器感受到的混凝土应变量转换为模拟量。当仪器感受到的混凝土应变发生变化时，内部两根钢丝的电阻值 R_1、R_2 将发生差动变化，采用水工比例电桥可测量出电阻比（R_1，R_2）的变化值，从而计算出相应的混凝土应变。

差动电阻式应变计，主要由电阻传感器部件、外壳和引出电缆密封室三部分组成，如图 4-30 所示。电阻传感器件主要由两根专门的差动变化的电阻钢丝与相关的安装件组成。弹性波纹管与上接座及接线座焊成一体。止水密封部分由接座套筒及相应的止水密封部件组成。仪器中充满油，以防电阻钢丝氧化生锈，同时在钢丝通电发热时吸收热量，使测值稳定。波纹管的外表包裹一层布带，使仪器埋入混凝土后与周围混凝土脱开，保证仪器能自由变形。

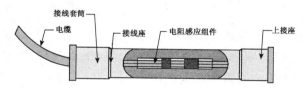

图 4-30　差动电阻式应变计的结构示意图

差阻式应变计埋设于混凝土内，混凝土的变形将通过凸缘盘引起仪器内电阻感应组件发生相对位移，从而使其组件上两根电阻丝的电阻值发生变化，其中一根减小（增大），另一根增大（减小）。相应电阻比发生变化，通过电阻比指示仪测量其电阻比变化而得到混凝土的应变变化量。应变计可同时测量电阻值的变化，经换算即为混凝土的温度测值。

常用的差阻式应力计的型号及技术规格见表 4-10。

表 4-10　　　　　　　　　　　差动式电阻应变计主要参数表

生产厂家	国电南自			南京南瑞			南京林经		
型号	DI-10	DI-15	DI-25	NZS-10	NZS-15	NZS-25	HCBJ-10	HCBJ-15	HCBJ-25
标距/mm	100	150	250	100	150	250	100	150	250
端头直径/mm	27	27	37	27	27	37	27	27	37
量程/$\mu\varepsilon$	2 500	2 500	1 600～2 400	+1 000～-1 500	+600～-1 200	+200～-2 000	2 500	2 500	2 500
分辨力/%FS	0.1			0.1			0.1		
弹性模量/MPa	150～500			150～500			150～500		

续　表

生产厂家	国电南自	南京南瑞	南京林经
温度范围/℃	−25～+60	−25～+60	−25～+60
温度系数/($\mu\varepsilon$/℃)	11.2	12.0	13.2
抗外水压力/MPa	0.5～5.0	0.5～3.0	0.5～3.0
绝缘电阻/MΩ	≥50	≥50	≥50

2）振弦式应变计

振弦式应变计主要由前后端座、不锈钢护管、信号传输电缆、振弦及激振电磁线圈等组成。振弦感应组件主要由张紧钢丝及激振线圈与相关的安装件组成。图 4-31 为 153 mm 标距应变计的结构示意图。

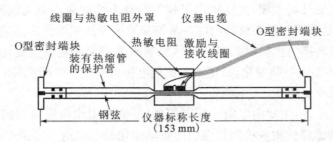

图 4-31　153 mm 标距振弦式应变计的结构示意图

振弦式应变计埋设与混凝土内，当被测结构物内部的应力发生变化时，应变计同步感受变形，变形通过前、后端座传递给振弦转变成振弦应力的变化，从而改变振弦的振动频率。电磁线圈激振振弦并测量其振动频率，频率信号经电缆传输至读数装置，即可测出被测结构物内部的应变量，同时又应变计中的热敏电阻可同步测量埋设点的温度值。

3）表面应变计

主要介绍点焊型钢弦应变计和表面安装型钢弦应变计。

（1）点焊型钢弦应变计。把预先受一定应力的钢弦点焊在一块薄钢片上或两块钢片上，钢片用点焊或环氧方法固定在被测钢件或混凝土表面。用覆盖式感应线圈盒放在钢弦上，通电使线圈盒内电磁线囤激振钢弦，测出弦的振动频率，由读数仪把频率变化转换为应变变化并显示出来。

（2）表面安装型钢弦应变计，用于混凝土或钢结构表面应变量的测定，如图 4-32 所示，在两块钢块之间张拉一根钢弦，把钢块焊接在待测的钢表面，当混凝土或钢结构表面产生变形，将改变钢块相对位置，钢弦的张力也发生相应变化，用电磁线圈激发钢弦振动并测出共振频率，即求得表而应变大小。

图 4-32　HC-1100 系列型钢弦应变计

部分常用振弦式应变计的型号及技术规格见表 4-11。

表 4-11　　　　　　　　国内外部分常用振弦式应变计的型号及技术规格

生产厂家	美国 Sinco	加拿大 Rocktest	北京基康	南京南瑞	常州金土木	南京葛南	金坛袖山
型号	52650126	C-110	BG-4200/4210	NVS	JTM-V5000	VW5-10/15	EJ-61
标距/mm	140、250	144	150、250	150	100、150、250	100、150	100、150
瑞头直径/mm	20、50	20、50	20、50	27	27、33	33	33
量程/με	3 000	2 900	3 000	0~3 000	+1 200~-1 800	0~3 000	+1 000~-1 500
分辨力/%FS	1 με/0.01	0.35	0.1	0.05	0.04	≤0.05	≤0.02
温度范围/℃	-20~+80	-20~+80	-20~+80	-20~+60	-25~+60	-30~+70	-25~+60
抗外水压力/MPa	0.5~3.0	0.5~3.0	0.5~3.0	0.5~3.0	0.5~3.0	0.5~3.0	0.5~3.0
绝缘电阻/MΩ	≥50	≥50	≥50	≥50	≥50	≥50	≥50

3. 轴力计

轴力计又称反力计,一般用于轴力测量,掌握锚杆的受力状态、变化过程与趋势,确认锚固效果。振弦式轴力计由于牢固、耐震、抗冲击等,应用较多。它是一个圆柱体钢体,中心装有一根钢弦,当两端受压时主体产生压应变,振弦所受的张力也随之减小,自振频率随着降低。根据自振频率的变化量可计算出该时刻支撑梁(柱)的支撑轴力。轴力计由于在中心仅有 1 个传感器,易受受力不均的影响,在率定和安装时要多循环和严格控制。

4. 土压力计

土压力计适用于长期测量土石坝、土堤、边坡、路基等结构物内部土体的压应力。土压力计不仅反映土体的压力,而且也反映地下水的压力或毛细管的水压,即总压力或总应力。

1) 介质土压力计

(1) 仪器结构。介质土压力计一般为分离式结构,主要由压力盒、压力传感器和电缆等组成。压力盒由两块圆形不锈钢板焊接而成,形成约几毫米的空腔,腔内充满溶液。油腔通过不锈钢管与振弦式压力传感器连接构成封闭的承压系统。一般要求腔体直径与厚度之比为 1∶20,以消除介质刚度影响。

(2) 工作原理。振弦式介质土压力计埋设于土体内,土体压力通过压力盒内液体感应并传递给振弦式压力传感器,使仪器钢丝的张力发生改变,从而改变其共振频率。测量时,测读设备向仪器电磁线圈发送激振电压迫使钢丝振动,该振动在线圈中产生感应电压。测读设备测读对应于峰值电压的频率,即钢丝的共振频率,即可计算得到土体的压应力值。通过仪器内的热敏电阻可同步测出埋设点的温度值。

2) 界面土压力计

(1) 仪器结构。界面土压力计可以用分离式或一体式,分离式仪器见上,一体式压力计主要由三部分构成:由上下板组成的压力感应部件、压力传感器及引出电缆密封部件。振弦式与差阻式的区别在于压力传感器。

(2) 工作原理。振弦式界面土压力计背板埋设于刚性结构物(如混凝土等)上,其感应板与结构物表面齐平,以便充分感应作用于结构物接触面的土体的压力。当被测结构物内土应力发生变化时,土压力计感应板同步感受应力的变化,感应板将会产生变形,变形传递给振弦转变成振弦应力的变化,从而改变振弦的振动频率。电磁线圈激振振弦并测量其振动频率,频率信号经电缆传输至读数装置,即可测出被测结构物的压应力值,测量仪器内的热敏电阻可同步测出埋设点的温度值。

常用的土压力计的型号及技术规格见表 4-12。

表 4-12　　　　　　　　国内部分常用土压力计主要参数表

生产厂家		北京基康	常州金土木	南京葛南	金坛柚山	南京南瑞	南电南自	北京基康
型号		BCK-4800/4810	JTM-V2000VWE	VWE	TSM,JDTYJ	NZTY	YUB	BCK-FBC-4800
工作原理		振弦式	振弦式	振弦式	振弦式	差阻式	差阻式	光纤光栅
量程/MPa		0.35~7.5	0.1~10	0~2.5	0~6.0	0.2~3.5	0.2~3.2	2.5
分辨力/%FS		≤0.04	≤0.04	≤0.04	≤0.04	0.01	0.01	0.01
温漂/℃			≤0.04%FS	≤0.04%FS				
温度范围/℃		−20~80	−25~60	−30~70	−20~80			−30~80
防水性能（倍量程）		1.2	1.2	1.2	1.2	1.2	1.2	
绝缘电阻/MΩ		≥50	≥50	≥50	≥50	≥50	≥50	
外形尺寸/mm	边界式	Φ230×12	Φ117×25	Φ110×25	Φ117×25(40)	Φ200×14	Φ200×14	Φ230×17
	埋入式	Φ230×12(6)	600×600×6	Φ230×12				Φ230×17

4.5.4　常用地下水监测仪器简介

1. 水位计（尺）

水位计（尺）水位计也叫"液位计"或"液面计",用于直接测量水位变化,可以实现数据自动采集,精度可以达到 0.1 mm,甚至更小。常用的水位计有浮子式、光纤式、压力式几种类型。

浮子式水位计利用浮子跟踪水位升降,以机械或光电方式直接传动记录。用浮子式水位计需有测井设备,适用含沙量不大的测点;最新的浮子式光电水位计在水位变率大、波涌严重的环境下,具有良好的测量精度和工作稳定性。光纤水位计包括水位计传感器部分和控制电路终端部分。其中,水位计传感器部分采用光路耦合调节设备与光缆连接用于传递承载水位信息的光信号,控制电路终端部分采用激光调制技术,发送不同功能的调制激光信号,通过调制、对比与检测,获得水位的准确信息。压力式水位计适用于不便建测井的地区,其根据压力与水深成正比关系的静水压力原理,运用压敏元件作为传感器。当传感器固定在水下某一测点时,该测点以上水柱压力高度加上该点高程,即可间接地测出水位。

2. 渗压计

渗压计也称作孔隙水压力计,是用于测量构筑物内部孔隙水压力或渗透压力的传感器,也可以兼测埋设位置的介质温度。其主要部件均用特殊钢材制造,适用于长期埋设在水工结构物或其他混凝土结构物及土体内,测量结构物或土体内部的渗透（孔隙）水压力,能在各种恶劣环境下使用。

渗压计形式多样,一般分为竖管式、水管式、气压式和电测式四大类。电测式又分为差动电阻式、振弦式、电阻应变片式和压阻式等。在排水工程中常用的为振弦式、差动电阻式渗压计。部分常用渗压计的型号及技术规格见表 4-13。

表 4-13 国内部分常用渗压计主要参数表

生产厂家	型号	工作原理	量程/MPa	分辨力/%FS	工作温度/℃	防水压(倍量程)	外形尺寸/mm	
							直径	长度
美国 Sinco	52611020	振弦式	0.3～6.0	0.025	−20～+80	2	19	197
加拿大 Rocktest	PV	振弦式	0.2～7.0	0.025	−25～+70	2	19～38	200、260
加拿大 Rocktest	FOP	光纤式	0.2～7.0	0.025	−25～+80	2	19～33	100～210
北京瑞恒	PDCR81		0.01～3.5	0.2	−20～+120		6.4	11.4
北京基康	BGK-4500	振弦式	0.01～100	0.025	−20～+80	2	12～38	127～187
常州金土木	JTM-V3000	振弦式	0.2～10.0	0.025	−25～+60	1.2	30	190
南京葛南	VWP	振弦式	0.2～7.0	0.025	−30～+70	1.2	60	160、210
南京南瑞	NVP	差阻式	0.2～5.0	0.05	−25～+60	1.2	58	140
国电南自	SZ	差阻式		0.01	−25～+60	1.2	58	140
南京林经	P	差阻式		0.01	−25～+60	1.2	58	140
北京基康	BCK-FBG-4500	光纤光栅	0.01～60	0.1	−30～+80	1.2	19、25、29	115、240

4.5.5 光纤光栅传感新技术简介

光纤光栅传感技术是近几年研制成功的高新技术,已在大型土木工程结构、航空航天等领域的健康监测以及能源化工等领域得到了广泛的应用。光纤光栅传感器同传统的电传感器相比,其在传感网络应用中具有非常明显的技术优势。

(1)传感头结构简单、体积小、重量轻、外形可变,适合埋入大型结构中,可测量结构内部的应力、应变及结构损伤等,稳定性、重复性好。

(2)可靠性好、抗干扰能力强。由于光纤光栅对被感测信息用波长编码,而波长是一种绝对参量,它不受光源功率波动以及光纤弯曲等因素引起的系统损耗的影响,因而光纤光栅传感器具有非常好的可靠性和稳定性。

(3)抗电磁干扰、抗腐蚀,能在恶劣的化学环境下工作,同时具有非传导性,对被测介质影响小。

(4)轻巧柔软,可以在一根光纤中写入多个光栅,构成传感阵列,与波分复用和时分复用系统相结合,构成分布式光纤传感网络。

1. 光纤光栅应变传感器

应变传感器有表面式和埋入式两种。表面式光纤光栅应变传感器(图 4-33)一般粘贴在某种衬底上,然后再粘贴于被测物表面进行检测主要用于测量各种混凝土结构的表面应变。现场安装时先将底座固定在混凝土表面,然后通过螺母将传感器方便地固定在底座上,既可以进行长期监测,又可以在短期监测完成后重复使用。该应变传感器也同时适用于大型钢结构应变测试,采用焊接方式安装。

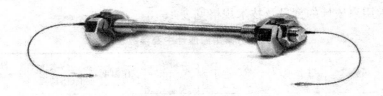

图 4-33　表面式光纤光栅应变传感器

　　埋入式光纤光栅应变传感器(图 4-34)一般用金属或其他材质包裹起来,主要用于测量各种混凝土结构的内部应变。现场安装时直接固定在混凝土的钢筋上,然后浇筑混凝土,或者将传感器预先制成混凝土块,然后整块埋入。

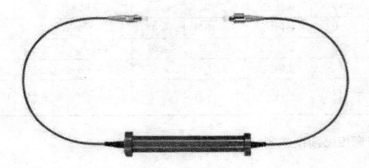

图 4-34　埋入式光纤光栅应变传感器

　　2. 光纤光栅钢筋计

　　光纤光栅钢筋计(图 4-35)一般采用焊接的形式,主要用于监测大坝、厂房基础、桩基、桥梁、隧洞衬砌等结构的钢筋应力。仪器可长期埋设建筑物内,测量结构内部的钢筋应力,也可用于锚杆的应力测试。现场安装时直接焊接在钢筋或锚杆上,或者断开钢筋,然后将已经安装好传感器的钢筋焊接在断开钢筋或锚杆的两端。

图 4-35　光纤光栅钢筋计

　　光纤光栅钢筋计可通过光纤光栅分析仪进行数据的读取及采集,只要将与应变计相连的光缆的光学接头接入光纤光栅分析仪,即可读出所需数据,并可对数据进行存储,进行钢筋应力的动态监测。

3. 光纤光栅渗压计

光纤光栅渗压计主要用于测量孔隙水压力和液体液位,采用独有的压力弹性元件作为传感基底,不锈钢外封结构,适用于各种恶劣腐蚀环境,具有抗电磁干扰、防雷击、精度高、分辨率高、可靠性高等优点。特别是在完善光缆保护措施后,可直接埋设在对仪器要求较高的碾压土中,适用于长期埋设在水工建筑物或其他混凝土建筑物及地基内,测量结构物或地基内部的渗透(或孔隙)水压力,并可同步测量埋设点的温度。渗压计加装配套附件可在测压管道、地基钻孔中使用。

图 4-36 是北京基康 BGK-FBG-4500 系列光纤光栅式渗压计。仪器中有一个灵敏的不锈钢膜片,在它上面连接光栅。使用时,膜片上压力的变化引起它移动,这个微小位移量可用光纤光栅元件来测量,并传输到光纤光栅分析仪上,并在此被解调和显示。利用光纤光栅固有的应变传感特性研制,采用独有的压力弹性元件作为传感基底,不锈钢外封装结构,适用于各种恶劣腐蚀环境。

采用光纤光栅分析仪可对光纤光栅渗压计进行数据的读取。使用时只需将连接传感器的光纤接头接入光纤光栅分析仪的 FC/PC 接口,光纤光栅分析仪可以直接将渗压计所感知的变化量以压强的数据显示出来,打开分析仪软件就可以进行数据的读取及保存。

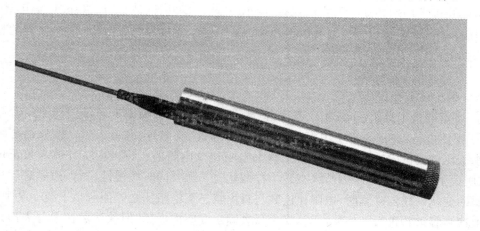

图 4-36 光纤光栅渗压计

4.6 监测仪器的率定及检验

监测仪器投入施工监测前应对其的性能指标进行率定和检验,才能保证其监测数据的正确性。一般二次仪表(接收仪),如测斜仪、水位计、频率读数仪等以及所有大地测量仪器在使用前,均应送具有相应资质的检定机构进行检定或校准,合格后方能使用,同时在使用过程中应定期检验,如水准仪的 i 角等;而对于传感器等一次仪表应进行现场率定和检验,确定是否满足使用条件。本节主要介绍部分传感器的现场率定方法以及大地测量仪器的主要检验项目。

4.6.1　传感器现场率定

监测仪器大多在隐蔽的工作环境下长期运行。仪器一旦安装埋设之后,一般无法再进行检修和更换。因此,对所有将要埋设的仪器,必须进行全面的检验和率定。其主要的任务是:

(1) 校核仪器出厂参数的可靠性。

(2) 检验仪器工作的稳定性,以保证仪器性能长期稳定。

(3) 检验仪器在搬运过程中是否损坏。

监测仪器运到现场必须检验,常规检验的内容是:

(1) 出厂时仪器资料参数卡片是否齐全,仪器数量与发货单是否一致。

(2) 外观检查。仔细查看仪器外部有无损伤痕迹,锈斑等。

(3) 用万用表测量仪器线路有无断线。

(4) 用兆欧表测仪器本身的绝缘是否达到出厂值。

(5) 用二次仪表试测一下仪器测值是否正常。

经检验,若有上述缺陷者暂放一边,待以后详查。如发现有缺陷的仪器较多应退货或向厂商交涉处理。

1. 差动电阻式仪器率定

目前我国常用的差动电阻式仪器有:大小应变计、钢筋计、测缝计、渗压计、温度计、应力计、土压计等。率定的内容主要有以下几项:最小读数、温度系数、绝缘电阻。仪器的具体率定方法如下:

1) 差动式应变计率定

(1) 最小读数率定

① 率定准备工具:大小校正仪各1台,活动扳手2把,尖嘴钳1把,起子1把,记录表。

② 率定准备:在记录表中填好日期、仪器名称、仪器编号、率定人名。按仪器芯线颜色接入水工比例电桥的接线柱,测量自由状态电阻比及电阻值。将大应变计放入校正仪两夹具中,用扳手旋紧螺丝将两端凸缘夹紧。拧螺丝时4颗要同时缓慢地进行,边紧螺丝边监视电阻比的变化。仪器夹紧时,电阻比读数与自由状态下电阻比之差值应小于20。否则,放松后按上述步骤重新进行校核。而后,将千分表固定支座内夹紧,但须注意让千分表活动伸缩杆能自由移动为限。移动千分表支座,使千分表活动杆顶住仪器端面,并顶压0.25 mm之后,固定千分表支座,转动表盘使长针指零。摇动校正仪手柄,对仪器预拉0.15 mm,回零再压0.25 mm。这样往返3次之后,可正式进行率定。

③ 正式率定:将应变计放入校正仪两夹具中,用扳手旋紧螺丝,将两端凸缘夹紧。拧螺丝时4颗要同时缓慢地进行,边紧螺丝边监视电阻比的变化。而后,安装千分表。试验前,应在测量量程1.2倍范围内预先拉压3个循环,然后将应变计满量程位移量按20%分档,从满量程的下限开始,逐级增至最大值,用水工比例电桥测量每次读数,共进行3个正返行程的测量。

④ 率定后最小读数的计算:

$$f = \frac{\Delta L}{L(Z_{\max} - Z_{\min})} \tag{4-3}$$

式中 ΔL——拉压全量程的变形量,mm;

L——应变计标距长度,mm;

Z_{max}——拉伸至最大长度时的电阻比,0.01%;

Z_{min}——压缩到最小长度时的电阻比,0.01%。

率定结果,f 值与厂家比较相差小于 3% 认为合格。

⑤ 直线性 a 的计算:

$$a = \Delta Z_{max} - \Delta Z_{min} \tag{4-4}$$

式中 ΔZ_{max}——实测电阻比最大级差,0.01%;

ΔZ_{min}——实测电阻比最小级差,0.01%。

若 $a \leqslant 6(\times 0.01\%)$ 为合格。

(2) 温度系数率定

差动电阻式应变计对温度很敏感,计算应变时须用温度修正测值。因此,应率定温度系数。

① 率定设备及工具:恒温水浴 1 台,水银温度计 1 支(读数范围为 -20℃~50℃,精度 0.1℃)、水工比例电桥 1 台、千分表 1 块、扳手 2 把,记录表若干张。

② 率定步骤:

(a) 将若干冰块敲碎,冰块小于 30 mm 备用。

(b) 恒温水浴底均匀铺满碎冰,厚 100 mm,把仪器横卧在冰上,仪器与浴壁不能接触,再覆盖 100 mm 厚的碎冰,仪器电线线按色按上电桥的接线柱,把温度计插入冰中。向放好仪器的碎冰槽内注入自来水,水与冰的比例为 3:7 左右,恒温 2 h 以上。

(c) 0℃电阻测定每隔 10 min 读一次温度和电阻值。并记下测值。连续三次读数不变后,结束 0℃试验。得到零度时的电阻值(R_0)。

(d) 再加入水或温水,搅动使温度升到 10℃左右,恒温 30 min。保持 10 min 读一次温度和电阻。连续测读了三次,结束该级温度测试。再加入温水搅匀,使温度保持恒温后读数。按上述办法,测四级。

③ 温度系数 a 的计算:

$$\alpha = \frac{\sum\limits_{i=1}^{n} T_i}{\sum\limits_{i=1}^{n} (R_i - R_0)} \tag{4-5}$$

式中 T_i——各级实测温度,℃;

R_i——各级实测电阻值,Ω;

R_0——零度电阻值,Ω。

④ 温度 T 的计算:

$$T = a \times (R_1 - R_0) \tag{4-6}$$

式中 R_1——计算温度时用的电阻值;

其余符号意义同上。

2）钢筋计率定

钢筋计的率定有最小读数的率定，温度率定和防水检验等。

（1）最小读数率定

① 率定的设备及工具：主要设备为万能材料试验机、水工比例电桥、记录表及工具等。

② 率定步骤：

（a）把仪器电线按芯线颜色接到水工比例电桥的接线柱上。测量钢筋计的自由状态电阻比及电阻值。

（b）将钢筋计与万能材料试验机拉压接手相连，两端夹在万能材料试验机上。再次，测量钢筋计电阻比及电阻值，两次电阻比测值相差应不超过 $\pm 20 \times 0.01\%$。

（c）由万能材料试验机的工作人员操作。按仪器规格决定最大拉力，分 4～5 级预拉，退零，重复三次。

（d）等分 4～5 级拉到最大拉力后，分级退回零处，每级都测读电阻比，记录在记录本上。

（e）取下仪器，去掉接手，测量仪器的自由电阻比。

（3）直线性 a 的计算：

$$a = \Delta Z_{max} - \Delta Z_{min} \tag{4-7}$$

式中 ΔZ_{max}——前级 Z 值减后级 Z 值之差的最大数，0.01%；

ΔZ_{min}——前级 Z 位减后级 Z 值之差的最小数，0.01%。

若 $a \leqslant 6(\times 0.01\%)$ 为合格。

（4）重复性 a' 的计算：a' 为加荷卸荷两次率定过程同档位两个电阻比的最大差值 $a' \leqslant 6(\times 0.01\%)$ 为合格。

（5）最小读数 f 计算：

$$f = \frac{F}{S(Z_{max} - Z_0)} \tag{4-8}$$

式中 f——最大拉力，kN；

S——钢筋计算标准断面面积，cm^2；

Z_{max}——最大拉力时的电阻比，0.01%；

Z_0——拉力为 0 时电阻比，0.01%。

（2）温度率定：钢筋计的温度率定与应变计的温度率定方法相同。

3）渗压计率定

渗压计需作最小读数的率定，温度系数的率定和防渗检查。

（1）最小读数的率定

① 率定设备及工具：压力容器、活塞式压力计或手摇水（油）泵、0.35 级以上精度标准压力表、水工比例电桥、记录表及工具等。

率定步骤：

在表格上填好校验日期、人员。将渗压计电缆按芯线颜色相应地接到水工比例电桥的接线柱上,记好仪器编号,量测自由状态下电阻和电阻比,并置于压力容器,电缆从出线孔穿出,并做好各零件的密封。

把渗压计进水口螺丝与油泵螺纹旋紧,必要时加止水垫圈,装上压力表。油泵轴干净的变压器泊,排除油管内空气后与仪器连接。试压3个循环后,分4~5级加压和减压几个循环,测读各级压力下的电阻比。

③ 计算最小读数(f)、计算直线性a和重复性a'。其计算方法与应变计同。

(2) 温度系数a的率定

渗压计温度系数a的率定方法与应变计同。

2. 振弦式仪器率定

目前,排水工程监测主要使用的振弦式仪器有应变计、位移计、钢筋计、压力盒等。国标(GB/T 3410—2008)对率定性能参数指标要求如下:

分辨率应≤0.2%;不重复性应≤0.5%FS;滞后应≤1%FS;非线性度≤2%FS;综合误差≤2.5%;如能满足上述要求则为合格。

1) 应变计率定

(1) 灵敏系数K值的率定:

① 率定设备及工具:率定架1台、千分表1块、扳手2只、起子1把、钢弦频率计1台。

② 率定:在表上填写好率定日期、试验者、仪器编号、自由状态下频率。将钢弦应变计放入率定架夹头内,扳手将仪器两端夹紧前后的频率变化不得大于20 Hz。在率定架上安装千分表,使千分表测杆压0.5 mm后固定,转动表盘使长针指零。对仪器拉压3次,拉0.15 ram后,压0.15 mm记录零位频率。分级拉压,0.03 ram一级,完成一次拉压之后回零为一个循环。每级测读一次频率,作3个循环后结束。取下仪器,测其自由状态下频率。

③ 计算灵敏系数K:

$$K = \frac{\sum\limits_{i=1}^{n} \dfrac{L_i}{L}}{\sum\limits_{i=1}^{n} (f_i^2 - f_0^2)} \tag{4-9}$$

式中　L_i——各级拉压长度,mm;

　　　L——仪器长度,mm;

　　　f_i——各级测读的频率,Hz。

(2) 防水试验。振弦式应变计的防水试验与差动电阻式应变计的做法相同,只是测量仪表由水工比例电桥改为频率计。

(3) 温度系数率定。振弦式应变计温度系数:率定与差动电阻式应变计的率定方法相同,只是测量仪表改用频率计。由于温度对钢弦式仪器的影响较小,工地若无条件可免作。

2) 位移计的率定

位移计一般是由传感器及其若干附件组成。它的率定是指对传感器的率定。

(1) 灵敏系数K的率定

① 率定的设备及工具。大率定架、传感器夹具(能夹住传感器又能夹住拉杆的夹具)。扳手两把,起子 1 把,频率计 1 台,大量程百分表 2 只。

② 率定方法:

(a) 把专用夹具固定在大率定架上,组成位移计的率定架。将传感器筒和拉杆夹在率定架上,再安装好百分表。摇动手柄,按传感器的量程分级拉压三次。

(b) 在记录表中写好仪器编号,试验日期,人员等,用频率计读出初读数。按量程等分若干级进行拉压,各级读一次频率数记入表中,作三个循环后结束,取下传感器。

③ 灵敏系数 K 的计算:

$$K = \frac{\sum\limits_{i}^{n} L_i}{\sum\limits_{i=1}^{n} (f_i^2 - f_0^2)} \qquad (4-10)$$

式中　L_i——每次拉伸长度,mm;

　　　f_i——每次拉伸 L_i 长度的频率,Hz;

　　　f_0——未拉时的初始频率,Hz;

　　　n——拉压次数。

④ 误差 Δ 的计算:

$$L_i' = K(f_i^2 - f_0^2) \qquad (4-11)$$

$$\Delta = \frac{L_i - L_i'}{L_i} \qquad (4-12)$$

式中　L_i——各级拉伸长度,mm;

　　　L_i'——各级计算的长度,mm。

若误差 Δ 值小于量程的 1% 为合格。

(2) 温度系数率定

位移计温度系数率定与差动电阻式应变计的率定相同。因温度影响较小,因此,工地无条件时,可免作。

(3) 防水检查

水下型位移计的防水检查与差动式应变计的防水检查相同。普通型可根据厂家提供的参数做现场检验。

4.6.2　常用大地测量仪器的检验

根据规范要求,仪器使用前必须经过检验,并经国家技术监督局授权的仪器鉴定单位检定合格。有些检验项目除了送仪器鉴定单位检定外,在作业过程需按规定检验,如水准仪 i 角的检验。

1. 水准仪和水准尺的检验

根据《水准仪检定规程》(JJG 425—2003)、《水准标尺检定规程》(JJG 8—1991)、《数字水准仪检定规程》(CH/T 8019—2009)、《铟瓦条码水准标尺检定规程》(CH/T 8020—2009)、《国家一、二等水准测量规范》(GB/T 12897—2006)、《国家三、四等水准测量规范》(GB/T 12898—2009)规定,作业前必须对水准仪和水准尺进行检验,特别是应对新水准仪和新水准尺进行全面检校。检验时应根据规范所要求的检验项目和检验方法进行。

1) 水准仪的主要检验项目

(1) 视准线的安平误差。

(2) 测微器行差与回程差。

(3) 望远镜分划板横丝与竖轴的垂直度。

(4) 视准线误差(i 角)。

(5) 自动安平水准仪补偿误差、补偿器工作范围。

2) 水准尺的主要检验项目

(1) 铟瓦水准标尺一排分划的标准偏差。

(2) 一副标尺米间隔长度平均值。

(3) 单支标尺米间隔长度平均值。

(4) 标尺上圆水准器安置的正确性。

2. 经纬仪的检验

经纬仪的检验按《光学经纬仪计量检定规程》(JJG 414—2003)、《全站型电子速测仪检定规程》(JJG 100—2003)进行。

经纬仪的主要检验项目有:

(1) 横轴与竖轴的垂直度。

(2) 视准轴对横轴的垂直度。

(3) 水准器轴与竖轴垂直度值。

(4) 竖盘指标差 f。

(5) 光学对中器与竖轴的同轴度。

(6) 竖盘指标自动补偿器误差。

(7) 一测回竖直角标准偏差。

(8) 一测回竖直角示值误差。

(9) 一测回水平方向标准偏差。

(10) 一测回水平方向示值误差。

电子经纬仪的检定与光学经纬仪的检定基本相同,原因是电子经纬仪的轴系、望远镜及制动、微动结构与光学经纬仪基本相同,只不过电子经纬仪使用电子测角系统代替了光学的读数系统,并能显示测量结果。

3. 全站仪的检验

全站仪的检验按照《全站型电子速测仪检定规程》(JJG 100—2003)、《光电测距仪检定规程》(JJG 703—2003)进行。全站仪的检验包括测距误差和测角误差的检验。

全站仪的主要检验项目有:

(1) 视准轴对横轴的垂直度。

(2) 水准器轴与竖轴垂直度值。

（3）横轴与竖轴的垂直度。

（4）照准误差 C。

（5）横轴误差 i。

（6）竖盘指标差工。

（7）补偿范围。

（8）补偿器误差（竖盘/水平盘）。

（9）光学对中器与竖轴的同轴度。

（10）一测回水平方向示值误差。

（11）一测回竖直角示值误差。

（12）一测回竖直角测角标准偏差及扩展不确定度 U。

（13）一测回水平方向标准偏差及扩展不确定度 U。

（14）测量重复性。

（15）加常数 K 及扩展不确定度 U。

（16）乘常数 R 及扩展不确定度 U。

（17）测距综合标准差$(a+b \cdot D)$。

4. GPS 接收机检验

GPS 接收机测试检验的方法和技术要求，应满足《全球定位系统（GPS）接收机（测地型和导航型）校准规范》(JJF 1118—2004)的有关规定。

新购置的应按规定全面检验后使用，然后每年进行定期检验。GPS 接收机的全面检验包括：一般检视、通电检验、试验检验。

1）一般检视应符合的规定

（1）GPS 接收机及天线的外观良好，型号正确。

（2）各种部件及其附件应匹配、齐全和完好。

（3）需紧固的部件不得松动和脱落。

（4）设备使用手册和后处理软件齐全。

2）通电检验应符合的规定

（1）利用自测试命令进行测试。

（2）按键和显示系统工作正常。

（3）有关信号灯工作正常。

（4）检验接收机锁定卫星时间的快慢，接收机信号强弱及信号失锁情况。

3）试验检验应在不同长度的标准基线上进行测试

（1）接收机高低温性能的测试。

（2）接收机内部噪声水平测试。

（3）接收机天线相位中心稳定性测试、天线相位中心平面偏差。

（4）接收机综合部性能评价。

（5）接收机野外作业性能及不同测程精度指标测试、静态测距误差。

（6）接收机频标稳定性检验和数据质量评价。

4.7　监测仪器技术要求及选择

4.7.1　仪器技术要求及规格

用于城市排水工程的监测仪器所处的环境条件较差，且施工期较长。因此，对仪器除了技术性能和功能满足使用条件外，通常须满足以下要求：高可靠性、稳定性好、精度较高、结构牢固、适于施工等，但过高的技术要求也会造成不必要的经济浪费。因此，应按工程需要，确定选用仪器的技术规格，监测仪器的技术要求及规格应不低于表 4-14 要求。

表 4-14　　　　　　　　　　　　监测仪器技术要求及规格表

序号	监测项目	监测仪器设备的名称及精度要求	备注
1	支护结构顶部水平位移	全站仪(测角精度≤2″,测距精度优于 2 mm+2 ppm)	
2	支护结构沉降及土体沉降	水准仪(精度要求往返测高中误差≤±1 mm/km)、钢钢水准尺	
3	土体或支护结构不同深度水平位移(测斜)	测斜仪(综合精度优于±6 mm/25 m)	
4	支撑轴力	轴力计、应变仪、钢筋计(综合误差≤2.0%FS)	混凝土支撑中的仪器必须测温
5	锚杆、锚索拉力	钢筋计、荷载计、频率仪(综合误差≤2.0%FS)	
6	地下水位	水位仪(精度≤±10 mm)	
7	孔隙水压力	孔隙水压力计(综合误差≤1.5 kPa 或 1.5%FS)	
8	支护结构侧土压力	土压力计(综合误差≤2.0%FS)	
9	周围建(构)筑物及地下管线变形	水准仪(精度要求往返测高中误差≤±1 mm/km)、钢钢水准尺、全站仪(测角精度≤2″,测距精度优于 2 mm+2 ppm)、棱镜	

4.7.2　监测仪器选择的基本原则

仪器性能的长期稳定性和可靠性是仪器选择的重要前提，选择合理的适用条件、量程范围和精度要求，避免盲目追求高标准或任意降低标准的倾向，监测仪器主要技术性能指标的确定，以满足工程监测要求为前提。基本原则有以下几条：

（1）在排水工程施工监测中使用的仪器设备的精度，首先须满足规范及设计要求，生产厂家须有"全国工业产品生产许可证"。对选择的生产厂家应实地调研，看生产能力和设备、装配环境和仓库管理、率定过程等，同时检查传感器的资料计算与相关参数是否满足国标要求。

（2）对大地测量设备，根据设计控制变形要求，应选择合适的测量设备。目前，排水建设工程中常用设备尚基本能满足要求。但排水工程场地情况往往较复杂，因此，大地测量设备尽量选择精度高的仪器产品。

（3）对内部变形监测设备和传感器，应尽量采用精度高、稳定性好如活动式测斜类仪器一般应选择伺服加速度的；对于监测结构内力或应变应选择带温度测量的传感器和读数仪。

（4）对于结构重要、场地复杂、施工时间相对较长的工程,应尽量采用国内先进的仪器设备或国外进口仪器,以保证监测数据的真实可靠性及稳定性。

（5）率定检验是保证仪器质量的重要环节,率定结果不合格或不合格频次相对较多的产品应弃用或少用。

4.7.3 监测仪器选择、验收及率定

（1）监测仪器的选择应根据排水工程监测的要求,制定监测仪器的技术规格和性能指标要求,其要求应满足有关规范的要求,并应要求厂家具有"全国工业产品生产许可证"。

（2）监测单位在采购监测仪器前,应根据规范、设计文件及投标文件（或监测方案）的要求,编制采购计划,经批准后方能采购。采购计划中应包括仪器厂家型号、技术规格、"生产许可证"编号等。在采购时,应要求厂方提供率定结果。

（3）仪器到货后,应对仪器进行验收和检查,验收文件应包括清单、合格证、率定资料、说明书等。

（4）仪器验收后应对仪器进行检验。检验应包括外观检查、稳定性检验、零点测试等。

① 稳定性检验是指传感器在参比工作条件下按额定压力值加卸荷 3 次,其零点漂移应不大于±0.25%FS。

② 零点测试是指现场测试频率须与厂家初始值之差不小于量程的 1%。

③ 传感器在静置 3 个月后,在参比工作条件下,其零点漂移不应大于 0.25%FS。

（5）应根据需要对仪器进行抽检率定,率定方式可在现场进行,也可到厂家直接参加厂方率定。

① 二次仪表全部应经具有校准或检定资质的国家或省、市检验机构检定后方能使用。

② 对传感器等一次仪器,监测单位应根据需要对其进行抽检率定,抽检比例宜不低于各类仪器的 20%。若发现仪器技术规格不能满足规范及设计要求,则应扩大抽检比例。

③ 率定时应按国家规范规定的方式进行,并填写率定记录表。当率定所得参数与厂家给出参数相对误差在 3% 以下时,应直接采用厂家参数,否则应进一步分析并和厂家联系。

5

排水建设工程第三方监测实例

5.1 工程概况

5.1.1 工程简介

上海市污水治理白龙港片区南线输送干线完善工程包括南线东段输送干管、浦西过江管及连接管、浦东收集支线三部分内容,项目建设地点为浦东新区和闵行区。设计规模为:旱季污水量 220 万 m³/d,雨季水量 437.1 万 m³/s。本工程为南线东段输送干管部分,工程采用 2×DN4000 顶管,利用 SB 泵站输送至白龙港污水处理厂,干管总长约 26.1 km。南线东段输送干管工程起点为外环线与罗山路立交处,干管走向沿外环线、迎宾大道,向北沿 A30 远东大道至龙东支路,接至白龙港污水处理厂。

南线东段输送干管分为 6 个标段,本标段为 SST2.2 标,其工程范围为位于迎宾大道外环内侧的外环 8# 接收井(含)—迎宾 3# 工作井,顶管长度较长,约 7 861.5 m,并且多处有长距离曲线顶管,采用 2 根直径为 DN4000 的顶管平行敷设,DN4000 污水管采用预制钢筋混凝土成品管,双重橡胶圈止水接口,标准管节长度 2.5 m,管节外径 4.64 m,单节管道重约 30 T。本标段工作井、接收井及顶管等概况见表 5-1。

表 5-1 SST2.2 标段工作井、接收井及顶管等概况

路　名	外环、迎宾大道、外环 8# 接收井(含)—迎宾 3# 工作井
管　道	污水管
管　径	2×DN4000
管长 L/m	7 861.5
管　材	预制钢筋混凝土成品管
平均埋深/m	约 13.5
施工方法	顶管(部分房下顶管)
管　位	北侧管外壁位于迎宾大道南规划红线外 10 m
备　注	顶管工作井 2 座,顶管接收井 2 座,透气井 4 处 8 座,与检查井、顶管井合并支线接入 1 处。穿越现状河道 6 处,规划河道 2 处

5.1.2　工程沿线地质条件

污水治理白龙港片区南线输送干线完善工程的拟建工程在地下 40 m 深度范围内,主要由饱和的黏性土、粉性土、砂性土组成,属第四纪松散沉积物,按其土性不同和物理力学性质上的差异可分 6 个主要层次及分属不同层次的亚层,共计 12 个亚层,其中②层、③层、④层、⑤层土为 Q4 沉积物,⑦层土为 Q3 沉积物。根据勘察结果,拟建场地地形平坦,深部地基土分布相对较为稳定,且拟建场地覆盖层较厚,因此本场地属稳定场地。上海地区可不考虑软土震陷的影响,拟建场地适宜建造本工程。

5.1.3　排水建设工程的等级

排水建设工程的等级为一级,监测等级亦为一级。

5.2　监测工作的目的与依据

5.2.1　监测目的

(1) 在顶管工作井、接收井沉井及 SMW 工法施工以及顶管施工过程中,由于一定面积内土体受扰动,产生土体流失变形、孔隙水压力等变化,波及邻近范围的土体沉降和水平位移,从而对周边地下关系及构筑物等产生不良影响;

(2) 顶管工作井、接收井下沉时,由于坑内土体挖除,使得坑内、外土压力失衡,产生明显扰动变形,从而对周边环境及本体结构的产生危害性影响;

(3) 施工监测通过采取有效的监测手段,对施工体系和周围环境的变形情况进行健康监测,汇总各项监测数据进行分析和预测,指导各项施工措施及保护措施的实施,实行信息化施工,确保施工过程中周边环境及本体结构的施工安全。

5.2.2　监测依据

在该项目中,须根据以下的相关的规范和技术依据进行监测:
(1) 业主提供的招标文件及相关图纸资料;
(2) 上海市工程建设规范《市政地下工程施工质量验收规范》(DG/TJ 08-236—2006);
(3) 上海市工程建设规范《基坑工程施工监测规程》(DG/TJ 08-2001—2006);
(4) 上海市工程建设规范《地基基础设计规范》(DGJ 08-11—2010);
(5) 上海市工程建设规范《基坑工程技术规范》(DG/TJ 08-61—2010);
(6) 上海市工程建设规范《顶管工程施工规程》(DG/TJ 08-2049—2008);
(7)《上海市民用机场航空油料管线保护办法》(2002 年修正);
(8)《上海市燃气管道设施保护办法》(2005 年);
(9)《中华人民共和国石油天然气管道保护法》;
(10)《建筑基坑工程监测技术规范》(GB 50497—2009);
(11)《工程测量规范》(GB 50026—2007);

(12)《建筑变形测量规范》(JGJ T8—2007)。

5.3 监测工作的范围和主要内容

5.3.1 监测范围

本工程施工影响范围内的重要管线、重要设施、建(构)筑物、可能引起争议的区域以及根据现行国家、上海的规范要求和按照其他行业部门的要求须进行监测的对象。监测的范围有以下方面:沉井施工过程中井壁外边线 20 m 范围内的重要管线、重要设施、建(构)筑物;顶管顶进过程中管道中心线外侧 15 m 范围内的重要管线、重要设施、建(构)筑物、高等级公路等;顶管施工过程中在进出洞及顶管后靠背处的土体变形应加密监测。但对高压天然气及航油管根据相关保护办法及其安全控制范围在顶管及沉井施工边线 50 m 范围。顶管工作井、接收井的基坑本体安全监测亦为本项目监测内容。

5.3.2 重点监测节点

根据现场踏勘及业主提供的相关资料,顶管沿线及井体周围是该工程监测项目的重点监测的节点。本监测标段施工影响范围内的重要建(构)筑物、重要设施及重要管线详见表5-2、表5-3。

表 5-2 顶管沿线需重点监测的节点

节点名称	监测点布置	
	深层土体	上部结构
环东二大道立交桥主线及匝道	穿越环东二大道立交桥路边均需布置土体分层监测孔,进行垂直、水平位移监测	路面布置沉降观测点
黄赵路跨线桥	穿越黄赵路跨线桥处每座承台侧面均需布置土体分层监测孔,进行垂直、水平位移监测	穿越黄赵路跨线桥处每座支承立柱侧面均布置沉降观测点
横沔港 楼横港	河两侧驳岸均需布置土体分层监测孔,进行垂直、水平位移监测	两侧驳岸顶部需布置沉降观测点
广告牌基础		每座立柱侧面布置沉降观测点
房屋保护	每处均需布置土体分层监测孔,进行垂直、水平位移监测	每处均需设置房屋沉降监测点
穿越河道驳岸		两侧驳岸顶部需布置沉降观测点
A20,A1 公路沿线	若管线中心线与 A20 或 A1 路边线之间的净距≤20 m,则需在 A20 或 A1 公路沿线布置土体分层监测孔,进行垂直水平、位移监测	
航油管沿线	距顶管中心线 15 m 范围内航油管侧布置土体分层监测孔,进行垂直水平、位移监测	
公用管线	距顶管中心线 15 m 范围内公用管线管侧布置土体分层监测孔,进行垂直水平、位移监测	

表 5-3   井体周围需重点监测的节点

井号	重要监测房屋和地下构筑物	重要地下管线	
外环 8#		航油管	
		信息 6孔/0.80 光	
		电信 4孔/1.50 预排	
		给水 Φ300/0.45 混凝土	
		电力 1根/0.40 铜 220 V	
		信息 12孔/0.70 光	
外环 9#	大型高压铁塔2处		
迎宾 1#		航油管	
		信息 6孔/5.89 光	

5.3.3 监测的主要内容

沉井的基坑工程监测等级均为一级,在顶管工作井、接收井附近,其周边环境监测范围为围护墙外 20 m 范围内;在顶管线路上,其周边环境监测范围为顶管外边线各 15 m 范围,但对某些重要监护对象,如高架、航油管等,应适当放宽施工影响范围,以满足其权属单位的相关要求。

根据上海市工程建设规范《市政地下工程施工质量验收规范》(DG/TJ 08-236—2006)、《地基基础设计规范》(DGJ 08-11—2010)及《基坑工程施工监测规程》(DG/TJ 08-2001—2006)的要求进行,并结合本工程基坑的安全等级、周边环境的复杂程度、工程本体的安全,确定监测内容如下:

(1)地下管线垂直位移、水平位移;

(2)建(构)筑物垂直位移、倾斜和裂缝监测;

(3)地表垂直位移监测;

(4)深层土体侧向水平位移监测(测斜);

(5)深层土体分层沉降监测;

(6)沉井基坑安全监测。

5.4 监测的方法和仪器

5.4.1 监测方法

1. 垂直位移监测

采用上海吴淞高程系,在远离施工影响范围以外布置 3 个稳固水准点,沉降变形监测基准网以上述水准基准点作为起算点,组成水准网进行联测。基准网观测按照国家Ⅱ等水准测量规范要求执行,主要技术参照表 5-5。

表 5-4   **精密水准测量的主要技术要求**

每千米高差中误差/mm		水准仪等级	水准尺	观测次数	往返较差、附合或环线闭合差/mm
偶然中误差	全中误差	DS1	铟条码瓦尺	往返测各一次	$\pm 4\sqrt{L}$ 或 $\pm 1.0\sqrt{n}$
±1	±2				

注：L 为往返测段、环线的路线长度（以 km 计）；n 为测站数

观测措施：本高程监测基准网使用 NA2 光学水准仪加测微器及配套铟瓦条码尺，外业观测严格按规范要求的二等精密水准测量的技术要求执行。为确保观测精度，观测措施制定如下。

（1）作业前编制作业计划表，以确保外业观测有序开展。

（2）观测前对水准仪及配套铟瓦尺进行全面检验。

（3）观测方法：往测奇数站"后—前—前—后"，偶数站"前—后—后—前"；返测奇数站"前—后—后—前"，偶数站"后—前—前—后"。往测转为返测时，两根标尺互换。

（4）测站视线长、视距差、视线高要求见表 5-5：

表 5-5   **测站视线长、视距差、视线高要求表**

标尺类型	视线长度		前后视距差	前后视距累计差	视线高度
	仪器等级	视距			视线长度（下丝读数）
铟瓦	DS1	≤50 m	≤1.0 m	≤3.0 m	0.3 m

（5）测站观测限差见表 5-6：

表 5-6   **测站观测限差表**   mm

基辅分划读数差	基辅分划所测高差之差	上下丝读数平均值与中丝读数之差	检测间歇点高差之差
0.4	0.6	3.0	1.0

（6）两次观测高差超限时重测，当重测成果与原测成果分别比较其较差均没超限时，取三次成果的平均值。

垂直位移基准网外业测设完成后，对外业记录进行检查，严格控制各水准环闭合差，各项参数合格后方可进行内业平差计算。高程成果取位至 0.1 mm。

2. 水平位移监测

选用 2″级或以上全站仪，采用轴线投影法（准直线法）进行观测。在某条测线的两端远处各选定一个较为稳固的工作点 A、B，仪架设于 A 点，定向 B 点，则 A、B 连线为一条基准线；观测时，在该条测线上的各监测点设置觇板，由仪器在觇板上读取各监测点至 AB 基准线的垂距 E，某监测点本次 E 值与初始 E 值的差值即为该点累计位移量，各变形监测点初始 E 值均为取两次平均的值。

另外，在施工影响区域外布置不少于 3 个场地基准点，用全站仪定期检测各工作点的稳定性，若发现工作点有所位移，则及时对其坐标进行修正，以提高水平位移观测精度。

3. 测斜监测

测试时，测斜仪探头沿导槽缓缓沉至孔底（图 5-1），在恒温一段时间后，自下而上以

0.5 m 为间隔,逐段测出 X 方向上的位移。管顶部分,用光学仪器测量管顶位移作为控制值。开工前,分 2 次对每一测斜孔测量各深度点的倾斜值,取其平均值作为原始偏移值。"+"值表示向基坑内位移,"−"值表示向基坑外位移。

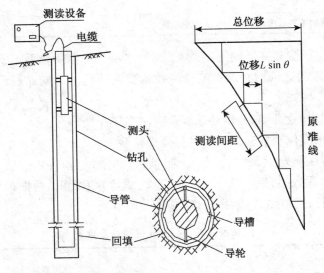

图 5-1 斜仪工作原理示意图

计算公式:

$$X_i = \sum_{j=0}^{i} L\sin\alpha_j = C\sum_{j=0}^{i}(A_j - B_j)$$

$$\Delta X_i = X_i - X_{i0}$$

式中 ΔX_i —— i 深度的累计位移(计算结果精确至 0.1 mm);

X_i —— i 深度的本次坐标(mm);

X_{i0} —— i 深度的初始坐标(mm);

A_j —— 仪器在 0°方向的读数;

B_j —— 仪器在 180°方向上的读数;

C —— 探头标定系数;

L —— 探头长度(mm);

α_j —— 倾角。

4. 土体分层沉降监测

选用电磁沉降仪及配套磁环进行观测,当土体隆起或下沉时,将带动磁环沿沉降管上下移动。以孔口作为量测起点,并在沉降监测中同时测量孔口标高,不断修正。量测时,在埋设的沉降管内慢慢放入分层沉降仪探测头,每到一个磁环埋设点,沉降仪探测头感应到电磁信号并启动蜂鸣器,在蜂鸣瞬间读取测量钢尺距离管顶的距离,并换算为至孔口的距离。各点累计沉降量等于实时测值与初始值的变化量,本次值与前次值的差值为本次变化量。初始值的测量在施工前进行,取稳定后的读数的平均值为初始值。

5. 倾斜监测

选用 $2''$ 级全站仪,采用竖向投影法进行测量,每次观测时先瞄准上部测点 P_1,然后投影到下部监测点 P_1' 位置(图 5-2),在 P_1' 位置处水平安放标尺,读取 P_1' 点至竖向投影面的距离,本次读数与初读数之差即为该房屋在该测点处的倾斜量。在施工开始前测定其初值,后每月观测一次,以作为评判建筑物倾斜度和处理与相关纠纷的公正依据。

图 5-2 斜监测示意图

6. 裂缝监测

裂缝宽度的监测宜在裂缝两侧粘贴平行标志,用游标卡尺直接测量;裂缝长度的监测宜采用直接量测法进行观测。裂缝宽度的量测精度不宜低于 0.1 mm,裂缝长度的量测精度不宜低于 1 mm。

5.4.2 监测仪器

本项目拟投入的主要仪器及设备见表 5-7。

表 5-7   主要仪器及设备一览表

序号	名称	品牌规格	主要工作性能指标	使用项目
1	水准仪	Leica	± 0.3 mm/km	垂直位移
2	全站仪	Leica	$\pm 2.0''$,2 mm+2ppm	水平位移
3	测斜仪	Sinco	± 0.02 mm/500 mm	测斜
4	分层沉降仪	DLDC	± 1.0 mm	分层沉降

对于有强制检定要求的监测仪器,应在投入使用前送国家认可的计量校准/检定试验室进行检校,施工监测期间监测仪器需进行延续检校。

5.5 监测点布置

5.5.1 基准点和监测点布置的原则

根据以上监测点布置原则及周边环境的具体情况,对该标段周边环境监测点进行布设,这个要按照具体情况定,基坑边坡顶部的水平和竖向位移监测点应沿基坑周边布置,周边中部、阳角处应布置监测点。监测点水平和竖向间距不宜大于 20 m,每边监测点数目不宜少于 3 个。水平和竖向位移监测点宜为共用点,监测点宜设置在围护墙顶或基坑坡顶上。

5.5.2 基准点及监测控制网的布设

监测控制网分两种:水准控制网用于垂直位移(沉降)监测;平面控制网用于水平位移监测。

1. 水准控制网

水准控制点不少于 3 点,用于控制整个监测区垂直位移。基准点设在施工影响范围之外较稳定的地方。

水准控制网采用二等水准路线测量。定期进行水准控制网联测（二月一次），当基准点前后两次标高超过允许值，即以新高程值为起算高程；对水准仪定期进行检查（一月一次），保证水准测量资料可靠性。

2. 平面控制网

设平面基准点不少于 3 点，埋设于施工影响范围之外较稳定的地方，坐标系统采用相对坐标系统。定期进行平面控制网联测（二月一次），检查各基准点的坐标，保证平面测量资料可靠性。

5.5.3 监测点的布设

周边环境监测包括基坑周边各类邻近建（构）筑物、地下管线及地表的监测。建（构）筑物监测内容为垂直、水平位移、倾斜、裂缝等；地下管线监测内容为垂直、水平位移；地表监测内容为垂直位移、裂缝。周边环境监测点的布置应根据基坑各侧边工程监测等级、周边邻近建（构）筑物性质、地下管线现状等确定。

施工前应收集周边建（构）筑物状况（建筑年代、基础和结构形式等）、地下管线（类型、年代、分布与埋深等）资料，并组织现场交底。位于航油管等重要地下公共设施安全保护区范围内的监测点设置，应依据相关管理部门技术要求确定。

1. 建（构）筑物垂直位移监测

建（构）筑物垂直位移监测点的选取和布置要满足以下要求：

（1）监测点应布置在基础类型、埋深和荷载有明显不同处及沉降缝、伸缩缝、新老建（构）筑物连接处的两侧；

（2）监测点宜布置于通视良好，不易遭受破坏之处；

（3）建（构）筑物的角点、中点应布置监测点，沿周边布置间距宜为 6～20 m，且每边不应少于 3 个；

（4）圆形、多边形的建（构）筑物宜沿纵横轴线对称布置；

（5）工业厂房监测点宜布置在独立柱基上。

尽可能利用建（构）筑物上原有的测量标志，如果没有测量标志，可采用在离墙角 50 cm 处的墙面钻孔，埋入弯成"L"形的 Φ10 mm 圆钢筋，用混凝土浇筑固定，或用射钉枪直接打入钢钉于相应部位，高度以高出地坪 0.2～0.5 m 为宜。在周边建（构）筑物上共拟布设 108 个监测点，其中沉井区域 8 点，顶管区域 100 点。在穿越河道的两侧驳岸顶布设垂直顶管轴线的两条沉降断面，共计 30 点。

2. 建（构）筑物倾斜监测

建（构）筑物倾斜监测点的选取和布置方法要满足以下要求：

（1）监测点宜布置在建（构）筑物角点或伸缩缝两侧承重柱（墙）上，应上、下部成对设置，并位于同一垂直线上，必要时中部加密；

（2）当采用垂准法观测时，下部监测点为测站，则上部监测点必须安置接收靶；

（3）当采用全站仪或经纬仪观测时，仪器设置位置与监测点的距离宜为上、下点高差的 1.5～2.0 倍；

（4）当采用精密水准观测时，可按垂直和水平位移监测点布置有关规定将成对布置监测点。

在本项排水工程中,对排水工程某开挖井周边的重要建(构)筑物进行布点监测,共拟布设 20 个监测点。

3. 建(构)筑物裂缝监测

基坑开挖前应对基坑开挖影响范围内的建(构)筑物裂缝现状进行目测调查及拍照记录,对典型裂缝布置监测点。在基坑开挖过程中,发现新裂缝或原有裂缝有增大趋势,应及时增设监测点。裂缝监测点布置应符合下列要求:

(1)在裂缝的首末端和最宽处应各布设一对观测点。

(2)观测点的连线应垂直于裂缝。

对重要建(构)筑物进行布点监测,监测点具体数量视现场情况而定,暂拟布设 40 个监测点,全部位于顶管沿线附近。

4. 地下管线垂直位移、水平位移

(1)管线监测点间距宜为 15～20 m,所设置的垂直位移和水平位移监测点宜为共用点;

(2)影响范围内有多条管线时,宜根据管线年份、类型、材质、管径等情况,综合确定监测点,且宜在内侧和外侧的管线上布置监测点;

(3)上水、煤气管宜设置直接观测点,也可利用窨井、阀门、抽气孔以及检查井等管线设备作为监测点;

(4)地下电缆接头处、管线端点、转弯处宜布置监测点;

(5)当无法在地下管线上布置直接监测点时,管线上地表监测点的布置间距宜为 15～25 m;

(6)管线监测点布置方案应征求管线等有关管理部门的意见。

对有阀门、窨井的管线可用测杆等设直接观测点;对某些重要管线应布设直接监测点,采用人工挖井,把管线暴露出一段,采用抱箍的形式布置直接点,如图 5-3 所示;用小螺钻钻孔取土,钻至管顶,用相应长度的钢筋,一端垂直焊接在一块小圆形钢板上(尺寸稍小于套筒内径),然后用特制胶水把小钢板粘贴在管顶,外加 PVC 套管保护,套筒外侧回填黏土进行布设,如图 5-4 所示。

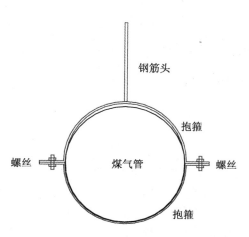

图 5-3　用抱箍形式的监测点安装示意图

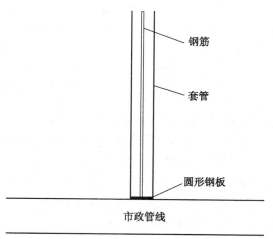

图 5-4　采用小螺钻形式的监测点安装示意图

经现场勘查及综合取舍,决定对施工影响范围内的燃气管、给水管、电力电缆、信息线、雨水、污水等地下管线进行布点监测,共布设 128 个位移监测点,其中沉井区域 32 点,顶管区域 96 点。

5. 地表垂直位移监测

(1) 监测剖面线延伸长度宜大于施工影响范围。每条剖面线上的监测点宜由内向外先密后疏布置,且不宜少于 5 个。

(2) 在硬地坪上布设地面沉降监测点时,须穿透路面结构硬壳层,沉降标杆采用 Φ25 mm 螺纹钢标杆,螺纹钢标杆应深入原状土 60 cm 以上,沉降标杆外侧采用内径大于 13 cm 的金属套管保护。保护套管内的螺纹钢标杆间隙须用黄砂回填。金属套管顶部设置管盖,管盖安装须稳固,与原地面齐平;为确保测量精度,螺纹钢标杆顶部应在管盖下 20 cm 为宜。深层监测点埋设结构如图 5-5 所示。

(3) 在穿越 A1 公路、黄赵路跨线桥等位置布设地表道路垂直位移监测点 20 个。

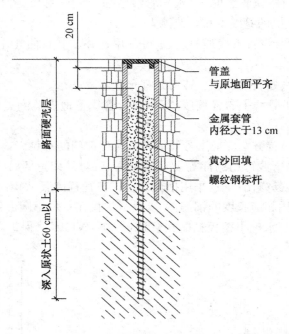

图 5-5　层监测点埋设示意图

6. 周边土体分层沉降监测

周边土体分层沉降监测点的选取要满足以下条件:

(1) 监测点应布置在紧邻保护对象处;

(2) 监测点在竖向宜布置在各土层分界面上,厚度较大的土层中部应适当加密;

(3) 监测点埋设深度在井体基坑附近应不小于基坑围护结构以下 3～5 m,在顶管沿线附近应不小于顶管底埋深 5 m。

在重要的建(构)筑物附近布设深层土体分层沉降监测点,如高架立交、航油管、快速干道、居民房及重大管线保护区、河道驳岸等,使用钻机进行成孔,成孔同时在地面上将分层沉降磁环按要求的间隔分别安装在沉降管上,分层沉降磁环的钢爪用纸绳子绑扎好,成孔完成后放入孔内,然后对孔内空隙进行回填,绑扎于钢爪上的纸绳子经孔内水一定时间浸泡后自然断开,钢爪弹开插入原状土中,此后磁环随周边土体一起沉降,测量磁环与孔口距离的变化,得出相应深度土体的沉降。回填完成后,做上孔口保护窨井。开挖施工前进行初始读数的测读工作,初读数取三次测读平均值。

沉降管长 20 m,每个分层沉降管上安装 5 个磁环,位置分别为埋深 3 m, 7 m, 10 m, 14 m, 18 m(图 5-6),共拟布设 82 个监测点,其中航油管 62 个,河道、建(构)筑物等处 20 个。

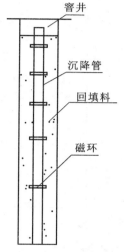

图 5-6 沉降管监测示意图

7. 周边土体深层水平位移监测(测斜)

排水建设工程周边土体深层水平位移监测点的选取和布置布置应满足以下条件:

(1)在重要建筑、构物附近进行布点监测,监测点应布置在紧邻保护对象处;

(2)监测点埋设深度在顶管沿线附近应不小于顶管底埋深 5 m。

在重要的建(构)筑物附近布设深层土体水平位移监测(测斜),主要布设在航油附近,管选用 Φ70 mm PVC 管,采用钻机钻孔的方法进行埋设,测斜管长度 20 m;测斜管内壁有两组互成 90° 的纵向导槽,导槽控制了测试方位,埋设时,接头用胶水粘牢,管内充满清水,并应保证让一组导槽垂直于井体基坑的墙体或顶管走向,测斜管安装示意图见图 5-7。共布设 68 个监测孔,其中航油管等附近 62 个,穿越 A1 公路等处 6 个。

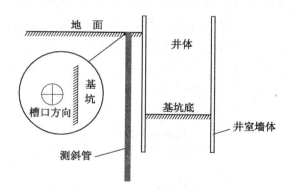

图 5-7 土体深层水平位移(测斜)监测点安装示意图

8. 沉井基坑安全监测

在软土地基中进行基坑开挖及支护施工过程中,每个分步开挖的空间几何尺寸和开挖部分的无支撑暴露时间都与围护结构、土体位移等存在较强的相关性。根据本项目基坑的周边环境、基坑本身的特点、相关工程的经验及相关规范中对监测工作的具体要求,确定本项目各顶管井的监测内容为:

（1）沉井外土体深层位移监测，在每个沉井围护外侧进出洞及顶管后靠背处及周边有重要监测对象内侧各布设一个土体深层水平位移监测孔及深层土体分层沉降监测孔，孔深为沉井深度以下 5 m，本标段按 20 m 布设。

（2）在每个沉井基坑圈梁顶布设垂直位移监测点 4 个，并在基坑四周布设地表沉降断面，沿垂直基坑边线方向布设，每个断面不少于 5 个监测点。布设示意图如图 5-8 所示。

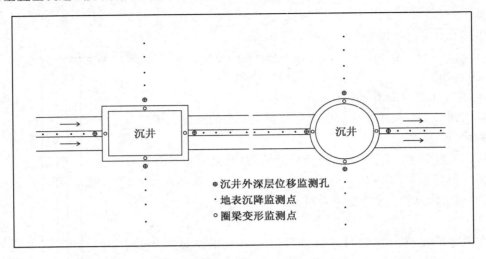

⊕ 沉井外深层位移监测孔
· 地表沉降监测点
∘ 圈梁变形监测点

图 5-8　沉井施工监测布点示意图

在本标段沉井区域，拟布设围护墙顶监测点 16 点，测斜 16 孔，分层沉降 16 孔，地表沉降断面 16 组 80 点。

9. 航油管专项监测

在本标段沉井及顶管工程与 A20，A1 公路之间，几乎全线分布有航油管。根据航油管的有关保护规定，在航油管 50 m 区域内进行施工时，应召开相应的协调会议，就航油管的保护进行论证。对航油管的专项监测，除在航油管附近土体布置一定数量的土体分层沉降、土体测斜监测外（本节 6、7 已述），还需对航油管本身进行重点监测，共拟布设 182 个监测点，尽量采用图 5-3 的方法布设成直接监测点。

监测点数量统计如表 5-8 所示。

表 5-8　　　　　　　　　　　　　　监测点数量统计表

监测内容		监测点数/个	备注
沉井区域管线	水平位移	32	
	垂直位移	32	
顶管区域管线	水平位移	96	
	垂直位移	96	
沉井区域建(构)筑物	水平位移	8	
	垂直位移	8	
	倾斜	8	
	裂缝	数量不定	

续　表

监测内容		监测点数/个	备注
顶管区域建(构)筑物	水平位移	100	
	垂直位移	100	
	倾斜	20	
	裂缝	数量不定	
沉井基坑安全监测	测斜	16	
	分层沉降	16	
	垂直位移	96	
	水平位移	16	
航油管	垂直位移	182	
	水平位移	182	
	土体测斜	62	
	分层沉降	62	
河道驳岸	垂直位移	30	
	分层沉降	10	
黄赵路跨线桥	垂直位移	3	
	测斜	4	
	分层沉降	4	
穿越 A1 公路等道路	地面沉降	20	
	测斜	6	
	分层沉降	6	

5.5.4　监测点的保护

1. 监测点的保护

工程监测中，由于测试元器件基本埋入混凝土或土体内，这样使其具有"唯一性"和不可维修的性质。因此除切实认真做好有关测斜管、传感元件的安装埋设工作外，对测点/孔的现场保护工作也非常重要。

（1）为避免泥土、污物或其他物质进入仪器、导向或其他部分，影响测试结果或造成测试无法实施，也为了在使用、施工过程中不轻易遭到破坏，影响监测数据的及时性、完整性和连续性，必须对所有安装埋设监测设施设立保护装置进行保护。

（2）监测点应明确标示监测点的点号，同时在埋设工作完毕后应向各方提交监测实际埋设图纸以供查找。

（3）日常监测过程中经常派人巡视各监测点，及时掌握监测点的完好状况，对破坏的测点应在第一时间内尽可能的替换修补。

2. 与施工单位的配合

除我单位做好现场监测点/孔的保护措施外，施工单位也应配合、协助我单位共同做好监测点孔的保护。

（1）加强与施工单位的沟通，了解每天的施工进度情况，对重要工况安排现场监护人员协同施工单位共同保护好监测点。

（2）施工单位应加强对现场施工人员的宣传教育，使其明白监测点对本工程施工中的重要性。

（3）基坑开挖过程中，每天应划定开挖区域并严格按照开挖区域施工，严禁随意施工。

5.6　监测频率和报警值

5.6.1　监测频率

监测频率的确定以准确反应周边环境的动态变化为前提，采用及时监测，必要时，进行跟踪监测。顶管井体基坑开挖前3天应完成监测项目的初始值测定，取得2～3次观测平均值作为该监测项目的初始值。

根据招标文件要求及以往类似工程的经验，本次监测频率按表5-9进行安排。

表 5-9　　　　　　　　　　　　　监测频率计划表

工作井、接收井施工区域	
周边环境及基坑本体监测时段	监测频率
沉井打桩、开挖施工	1次/d
沉井下沉施工	3次/d
沉井封底完成至本段顶管结束	1次/2d
顶管施工段区域	
管线、建筑物监测时段	监测频率
机头前20 m及机头后40 m范围内监测点的监测	4次/d
顶管机头过后部分监测点的监测	1次/d
顶管施工完成后	1次/2～3d(测试5～10次)
穿越重要管线时	跟踪监测(每天不少于4次)

5.6.2　监测报警值

监测报警指标一般以总变化量和变化速率两个量控制，累计变化量的报警指标一般不宜超过设计限值。根据本工程围护设计方案及有关单位要求，本次监测报警值控制标准见表5-10。

表 5-10　　　　　　　　　　　　　监测报警指标

监测内容	报　警　指　标	
	变化速率/(mm·d^{-1})	累计变化量/mm
建(构)筑物垂直位移监测	3	20
高架匝道	2	10

续 表

监测内容		报 警 指 标	
		变化速率/(mm·d⁻¹)	累计变化量/mm
建(构)筑物倾斜监测			倾斜率达3‰
建(构)筑物裂缝监测		1	持续发展
地下管线垂直位移、水平位移	刚性管道(含航油管)	2	10
	柔性管道	5	10
地表垂直位移监测		3	30
周边土体分层沉降监测		2	20
土体深层水平位移监测(测斜)		2	20
备注		对航油管、高架立交等重要保护对象,其监测报警值还应获得权属单位的认可	

在监测实施中严格按照有关规定要求,对监测数据超过变化速率和累计变化量时应因时进行报警,并通知各相关单位和部门。对监测数据超过警戒建议值进行报警,采用醒目标识。

5.6.3 报警流程

(1) 监测数据接近报警值时(即达到报警值的80%时),在监测日报表上对相关测点作预警提示,报告施工管理人员。

(2) 监测数据达到报警值时,确认无误后,立即通知有关单位,并在监测日报表上盖报警专章,报告甲方、施工管理人员,提出相关建议。

(3) 监测数据持续大于报警值时,在监测日报表上盖报警专章,并提供有关测点的变化速率等相关数据,分析报警原因,对变化趋势进行预判,以供相关单位参考,及时采取有效措施。

报警流程如图5-9所示。

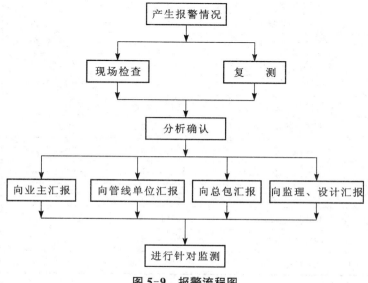

图 5-9 报警流程图

5.7 工程施工进度概况

此工程从 2011 年 11 月底迎宾 1# 井路面硬化开始施工而开始监测，一直到 2014 年 1 月 7 日迎宾 2# 井阀门井施工完成而结束监测，历时两年零两个月。详细施工工况见下表 5-11。

表 5-11　　　　　　　　　井体及顶管区间施工工况

	各施工区域施工工况			
施工区域	施工内容	开始时间	完成时间	备注
迎宾 1# 井	围护施工	2011-11-5	2011-12-18	2012/5/18 下沉约 14.9 m 开始压沉施工
	砂垫层施工	2012-2-13	2011-2-20	
	沉井第一节制作	2012-2-28	2012-3-13	
	沉井第二节制作	2012-3-17	2012-4-1	
	沉井第三节制作	2012-4-4	2012-4-19	
	沉井下沉施工	2012-5-10	2012-5-21	
	沉井封底施工	2012-5-21	2012-5-30	
外环 8# 井	砂垫层施工	2012-2-16	2011-2-22	2012/5/31 累计下沉约 14.9 m 开始压沉施工
	沉井第一节制作	2012-3-17	2012-3-24	
	沉井第二节制作	2012-3-29	2012-4-10	
	沉井下沉施工	2012-4-29	2012-5-3	
	沉井第三节制作	2012-5-7	2012-5-21	
	沉井第三节下沉施工	2012-5-28	2012-6-2	
	沉井封底施工	2012-6-3	2012-6-6	
外环 9# 井	砂垫层施工	2012-3-31	2012-4-3	2012/5/31 累计下沉约 14.8 m 开始压沉施工
	沉井第一节制作	2012-4-10	2012-5-10	
	沉井第二节制作	2012-5-12	2012-5-29	
	沉井第三节制作	2012-5-31	2012-6-21	
	沉井下沉施工	2012-7-8	2012-7-17	
	沉井封底施工	2012-7-19	2012-7-27	
1～9 区间	北线顶管施工	2012-7-27	2012-9-10	
	南线顶管施工	2012-7-31	2012-9-13	
8～9 区间	北线顶管施工	2013-3-16	2013-6-6	
	南线顶管施工	2012-8-3	2013-1-5	
1～3 区间	北线顶管施工	2013-3-9	2013-8-16	
	南线顶管施工	2013-3-11	2013-11-1	
	区间的透风井	2013-11-16	2014-1-7	

5.8 迎宾1#井监测成果分析

迎宾 1#井位于迎宾大道东侧绿化带内,靠近外环与迎宾大道立交转角处,与外环 9#井紧邻(图5-10)。迎宾 1#井于 2011 年 11 月初开做井体围护施工,11 月底开始井体外土体加固施工,12 月中旬施工结束,随后开始树根桩施工,到 2012 年 5 月底井体施工完成而结束。

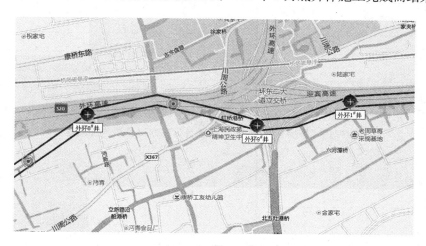

图 5-10　迎宾 1#井工程

5.8.1 周边市政管线监测成果分析

采用直接布点和间接布点的方法,进行精密水准测量。布点工作中,井体附近道路硬化时布置中日美光缆监测点 12 个,燃气管监测点 25 个,井体周边地表点 20 个,信息管监测点 4 个,上述监测点在迎宾 1#井周边道路硬化施工和沉井下沉施工完成时累计量历时曲线图如下图(正值为上升,负值为下沉),水平位移中正值表示向井内位移,负值向井外位移。图 5-11—图 5-16 表示的是迎宾 1#井周边市政管线的监测历时曲线图。

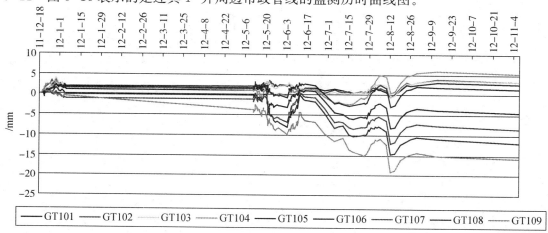

图 5-11　迎宾 1#井中美日光缆垂直位移累计量历时曲线图

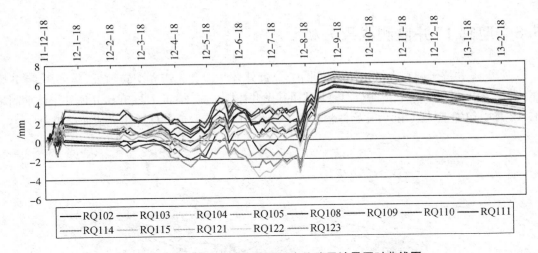

图 5-12　迎宾 1# 井燃气管线垂直位移累计量历时曲线图

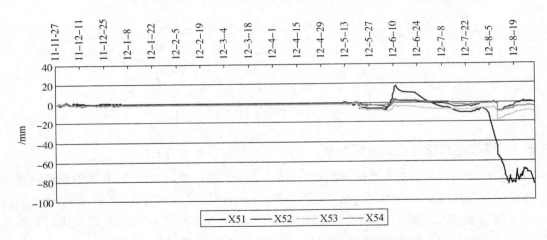

图 5-13　迎宾 1# 井信息管线垂直位移累计量历时曲线图

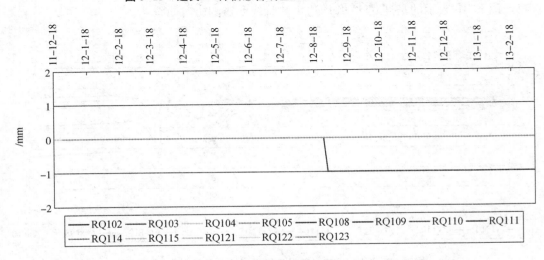

图 5-14　迎宾 1# 井燃气管线水平位移累计量历时曲线图

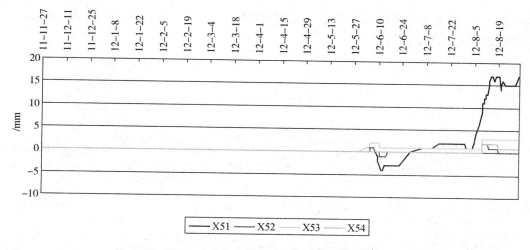

图 5-15　迎宾 1# 井信息管线水平位移累计量历时曲线图

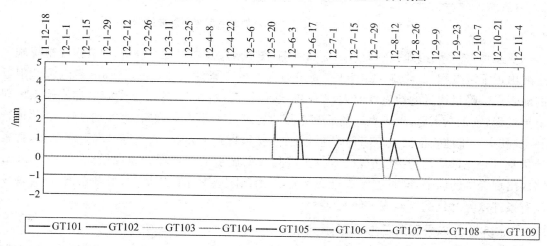

图 5-16　迎宾 1# 井中日美管光缆水平位移累计量历时曲线图

　　从以上管线历时曲线图(图 5-11—图 5-16)显示,2011 年开始施工到沉井施工前管线基本变化很小,受高压旋喷桩及树根桩施工影响,中日美光缆处于上抬趋势,最大上抬累计量为 2.3 mm,离施工较远的信息管变基本没有什么变化,各管线的水平位移基本稳定,迎宾 1# 井下沉施工阶段,由于坑内土体挖除,使得坑内、外土压力失衡,产生明显扰动变形,从而对周边管线产生一定影响,靠迎宾 1# 井近的中日美光缆开始明显出现下沉,下沉速率均在可控范围内,沉降施工结束后,信息管最大累计为 −6.9 mm,但管线以下沉趋势持续,6 月初,开始洞门加固施工,中日美光缆受施工影响出现上抬迹象,施工结束后又开始回落,9 月份监测数据显示中日美光缆基本相对稳定。整个施工过程中,管线水平位移相对稳定,没有出现异常情况,均在可控范围内。

5.8.2　周边地表沉降监测成果分析

　　迎宾 1# 井于 2012 年 5 月 10 日开始沉井施工,地表沉降监测工作中,在井体周边均匀、对称布设 4 排路面剖面点,每个剖面点间距为 3 m,共有 20 个地表点,利用精密水准仪进行水准测量,观测测点的高程变化情况。观测断面编号为 T9—T12。图 5-17 表示迎宾 1# 井周边地表剖面点历史曲线图。

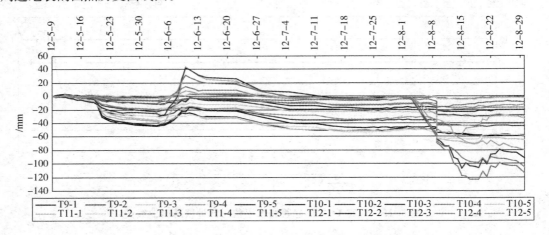

图 5-17　迎宾 1# 井体周边地表剖面点沉降历时曲线图

从迎宾 1# 井周边地表剖面点历史曲线图(图 5-17)及施工工况分析,地表点受沉降施工影响出现下沉过程,沉降施工结束后,周边地表点最大累计量为 −30.7 mm,靠近沉井附近的地表点沉降量比远的地表点要大,6 月初开始洞门加固施工,地表点受洞门加固施工出现上抬过程,施工结束后,地表点回落后基本相对稳定,7 月底开始迎宾 1# 井到外环 9# 井顶管施工,其中一排地表剖面点位于顶管施工上方,受顶管施工影响,地表点出现下沉趋势,且累计量及日变化量均达到报警值,最后一次观测数据显示地表点最大累计量为 −114.0 mm,路面出现轻微的坍陷,同时也伴随裂纹产生,后因该区域囤计管片量大,很多点被压坏,现场没有条件恢复对这些点监测工作的延续。

5.8.3　坑外土体分层沉降监测成果分析

利用电磁沉降仪及配套磁环进行坑外土体分层沉降观测,在迎宾 1# 井沉井井体边布置 4 个分层沉降管,测量深层土体分层沉降情况。图 5-18 和图 5-19 是部分土体分层沉降孔的历时曲线图。

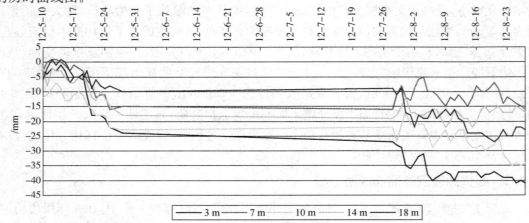

图 5-18　FC09 土体分层沉降孔各层土体沉降历时曲线图

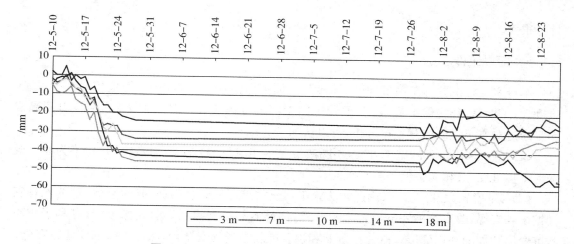

图5-19　FC09土体分层沉各层土体降孔历时曲线图

　　从迎宾1#井土体分层沉降历时曲线图(图5-18和图5-19)以及结合施工工况来看,本次沉井施工过程中,土体因受施工影响变化以下沉为主,最大下沉57 mm,最大下沉量主要是在3 m处土层,底部土体相对要小,沉井下沉施工结束后7 d内,该区域的土体仍有一定量下沉,但速率平缓,随后土体以向下平缓速率渐趋于稳定。

5.8.4　坑外土体变形(测斜)监测成果分析

　　由于沉井施工的特性,在对坑外土体沉降监测的同时,还要对进行测斜,观测坑外土体倾斜变形情况。在迎宾1#井沉井井体边布置有测斜管4个深层土体水平位移。图5-20显示的是迎宾1#井土体深层水平位移孔CX9各层倾斜情况。

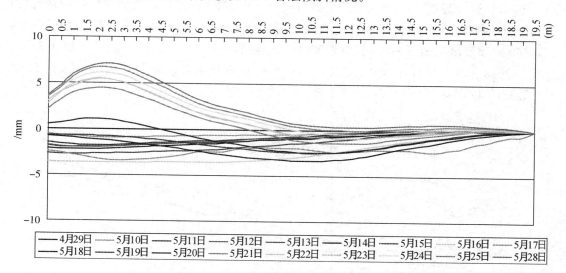

图5-20　迎宾1#井土体深层水平位移孔CX9历时曲线图

　　如图5-20所示,近地表的土体水平位移比较大,而越往深处土体水平位移变化较小。和坑外表层土体沉降原因类似,沉井下沉时对周边土体搅动很大,因此表层土体水平位移累计量很大。

5.8.5 监测工作小结

本排水工程沉井施工区域地处上海郊区,周围湖泊水体众多,建筑物也相对较多,施工难度大,工期紧,环境保护等级高,顶管区间工程难度很大。经各方努力,施工取得圆满成功。通过对本工程的监测数据分析,可以认为:

(1)由于采用合理的施工方案,不断改进施工工法,分段施工,重点突出,化难为易。既保证工程进度,又相对降低了施工难度。

(2)(难度较大的部分)采用逆作法施工,合理控制降水,严格按照"时空效应"的原理安排挖土和支撑,改支撑牛铁电焊式为预埋式,钢筋混凝土支撑加钢管支撑混用,有利于减小基坑变形和周围环境变形。既保证沉井和顶管区间本身的安全,又保证了周围环境的安全。

(3)重视信息化施工,密切关注工作井和接收井沉井的变形和环境安全,严格控制变形,取得了很好的效果。

(4)顶管和沉井施工中对公共区域周围环境的保护,包括排水工程沿线高架桥、建(构)筑物、市政管线和水体这尤其是航油管线—最重要管线的保护是非常成功的。

(5)监测单位严格遵照监测方案及相关规范开展工作,及时向委托方提交完整的监测数据。这些数据为委托方在判断施工工艺和施工参数是否符合预期要求,调整施工工艺等过程中起到科学依据的作用,保证了"信息化施工"的实现。

5.9 迎宾1#井—迎宾3#井顶管区间监测实例

迎宾1#井—迎宾3#井顶管施工路线(图5-21),在S1迎宾外环南侧绿化带中穿行,由迎宾1#井向迎宾3#井顶进,单线顶进长度约2 030 m,为长距离曲线顶管。采用两根直径为DN4000的顶管平行敷设,标准管节长度2.5 m,管节外径4.64 m,两管轴线间距9.71 m。北线于2013年3月9日开始顶进施工,2013年8月16日结束。南线于2013年3月11日开始顶进施工,结束于2013年11月1日。

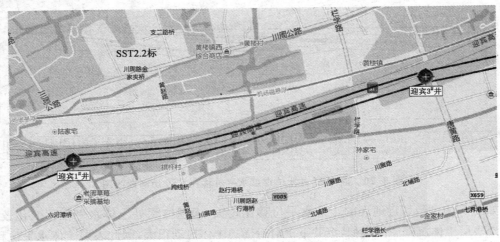

图5-21 迎宾1#井—迎宾3#井顶管区间工程

5.9.1 周边市政管线监测成果分析

迎宾 1# 井—迎宾 3# 井顶管区间沿线布置有信息管,上水管及电力管等市政管线监测点,其中信息管监测点 13 个,上水管监测点 4 个,电力管线监测点 9 个,南线顶管自 3 月 11 日开始施工,4 月 2 日穿越黄赵路跨线桥,北线顶管自 4 月 9 日穿越黄赵路跨线桥。信息管和电力管位于顶管区间 420～520 m 范围内,呈南北走向。顶管垂直穿越信息管线和电力管线。

迎宾 1# 井—迎宾 3# 井顶管区间沿线设置了大量的信息管监测点,监测点共有 13 个。图 5-22—图 5-25 顶管区间信息管监测点垂直和水平位移的累计量历时曲线图。

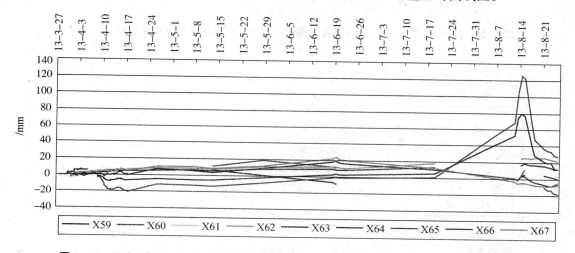

图 5-22 迎宾 1# 井—迎宾 3# 井顶管区间信息管监测点垂直位移累计量历时曲线图(1)

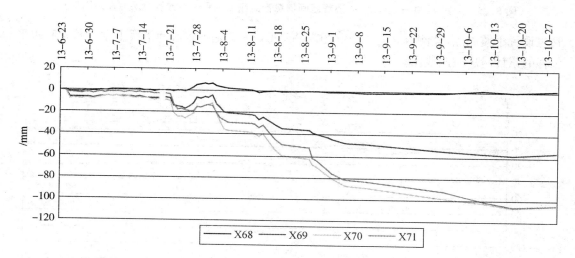

图 5-23 迎宾 1# 井—迎宾 3# 井顶管区间信息管监测点垂直位移累计量历时曲线图(2)

迎宾 1# 井—迎宾 3# 井顶管区间沿线有许多管线(比如水管等),监测工作过程中在水

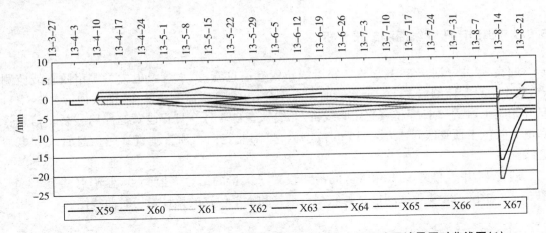

图 5-24　迎宾 1# 井—迎宾 3# 井顶管区间信息管监测点水平位移累计量历时曲线图(1)

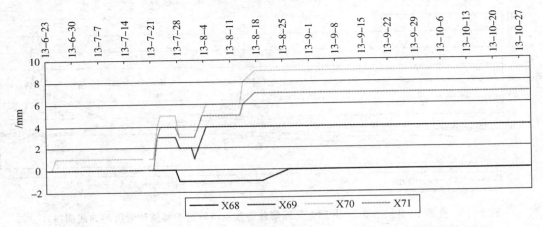

图 5-25　迎宾 1# 井—迎宾 3# 井顶管区间信息管监测点水平位移累计量历时曲线图(2)

管也设置了监测点,监测点共有 4 个。图 5-26—图 5-27 是顶管区间沿线上水管垂直和水平位移的累计量历时曲线图。

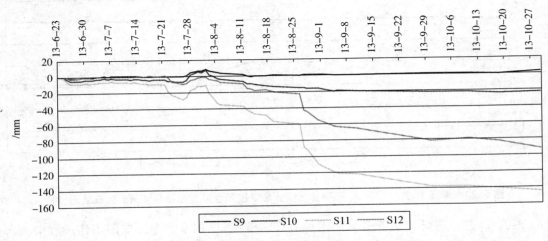

图 5-26　顶管区间沿线上水管垂直位移累计量历时曲线图

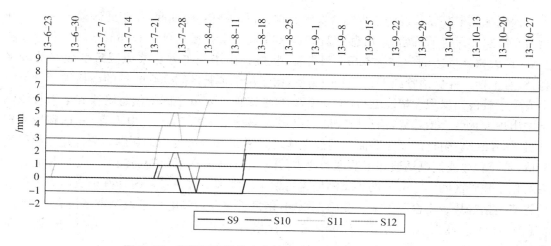

图 5-27 顶管区间沿线上水管水平位移累计量历时曲线图

迎宾 1# 井—迎宾 3# 井顶管区间沿线有若干电力管线,监测工作中在电力管线上布设的监测点共有 13 个。图 5-28—图 5-29 是顶管区间部分电力管线监测点垂直和水平位移的累计量历时曲线图。

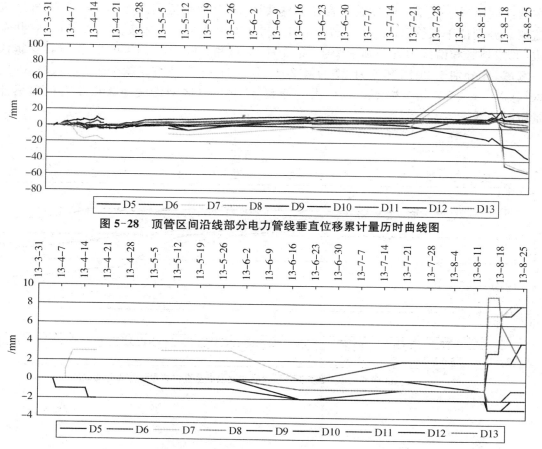

图 5-28 顶管区间沿线部分电力管线垂直位移累计量历时曲线图

图 5-29 顶管区间沿线部分电力管线水平位移累计量历时曲线图

根据施工工况以及现场巡视结合监测数据分析,顶管穿越期间,位于此区段的信息管和电力管线总体保持下沉趋势,信息管监测点 x65 最大累计量达到 −18.6 mm。电力管监测点 d7 最大累计量达到 −16.8 mm。顶管穿越过后,由于施工方注浆原因致变化趋势较平稳,略有上抬。此后顶管施工到 7 月中旬后,由于位于顶管区间 300 m 处的南线顶管管节因上方覆土较浅而出现大幅度上抬,位于顶管区间 420～520 m 之间的信息管线和电力管线也随之出现大幅度上抬趋势,信息管 x65 达到最大累计量 125.5 mm。电力管 d8 达到最大累计量 74.6 mm。附近的硬化路面和周边土体之间形成 40 mm 左右的裂缝。累计量远超过报警值,按照程序我们电话通知了监理和业主,并对施工方发送了报警通知单。之后几周施工方对位于顶管区间 300 m 处的小型湖泊进行填土压实和下方顶管管内开槽释放压力等措施使管节上抬趋势减小而降下来。受施工影响,信息管监测点和电力管监测点下沉趋势明显,信息管累计量最大 x65 为 27.6 mm,电力管累计量最大 d6 为 −54.6 mm,d8 累计量为 −2.6 mm。

5.9.2　周边地表沉降监测成果分析

迎宾 1# 井—迎宾 3# 井顶管区间 30～50 m 布置了 3 排共计 13 个地表监测点,之后顶管区间沿线每隔 150 m 左右布置了 7 排共计 56 个地表监测点。T5 及 T6 两排地表监测点分别位于顶管区间 1 100 m 处和 1 220 m 处。其中 T5 地表点正处于原 2# 井东边,北线顶管和南线顶管分别于 2013 年 5 月 17 日和 2013 年 2013 年 5 月 30 日穿越这一区域,并分别于 2013 年 5 月 27 日和 2013 年 6 月 10 日结束穿越。图 5-30(a)、(b)、(c)、(d)、(e)、(f)、(g)表示迎宾 1# 井—迎宾 3# 井顶管区间沿线地表点垂直位移累计量历时曲线图

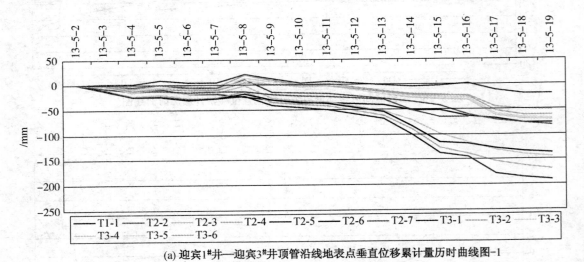

(a) 迎宾 1# 井—迎宾 3# 井顶管沿线地表点垂直位移累计量历时曲线图-1

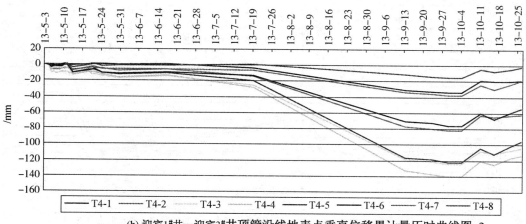

(b) 迎宾1#井—迎宾3#井顶管沿线地表点垂直位移累计量历时曲线图-2

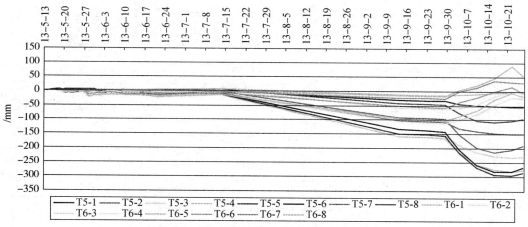

(c) 迎宾1#井—迎宾3#井顶管区间沿线地表点垂直位移累计量历时曲线图-3

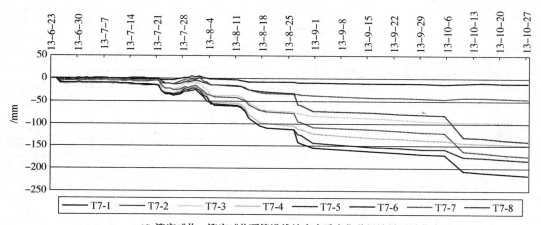

(d) 迎宾1#井—迎宾3#井顶管沿线地表点垂直位移累计量历时曲线图-4

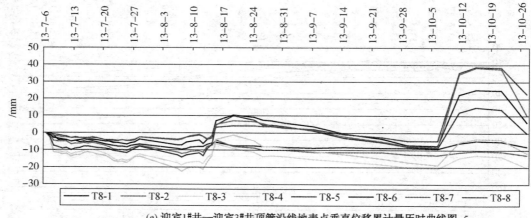

(e) 迎宾1#井—迎宾3#井顶管沿线地表点垂直位移累计量历时曲线图-5

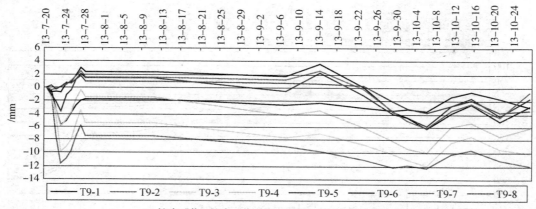

(f) 迎宾1#井—迎宾3#井顶管沿线地表点垂直位移累计量历时曲线图-6

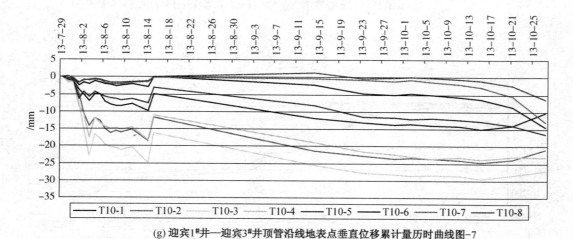

(g) 迎宾1#井—迎宾3#井顶管沿线地表点垂直位移累计量历时曲线图-7

图 5-30　迎宾 1# 井—迎宾 3# 井顶管区间沿线地表点垂直位移累计量历时曲线图

根据施工工况结合监测数据分析，由于施工过程中带土的影响，顶管区间 30～50 m 范围内变化较大，一直保持下沉趋势，地表点最大累计值 T2-5 为 −190.5 mm。T5 和 T6 两排地表点在穿越过程中和穿越结束后几周内变化较平稳，累计量最大为 T5-3 和 T6-3，分别为 −14.5 mm 和 −15.8 mm。由于这一区域正处于原 2# 井东边，地表覆土浅，顶管施工到 7 月中旬时管节在这一区域也发生了大幅度上抬现象。地表点一直保持下沉趋势，沉降量累计最大 T5-4 为 −161.5 mm。从 9 月 20 号起，由于顶管区间 1 200～1 300 m 区域的南线顶管管节也出现大幅度上抬趋势，施工方停止施工，往顶管内部施加配重持续两周，从之后的监测数据得知，T5 继续下沉，沉降量最大 T5-5 为 −286.2 mm，T6 有明显上抬趋势，沉降量最大 T6 为 54.4 mm。

5.9.3　顶管区间外土体分层沉降监测成果分析

利用电磁沉降仪及配套磁环进行坑外土体分层沉降观测，在顶管区间沿线工布设 7 个分层沉降管，测量深层土体分层沉降情况图 5-31 是部分土体分层沉降孔的历时曲线图。

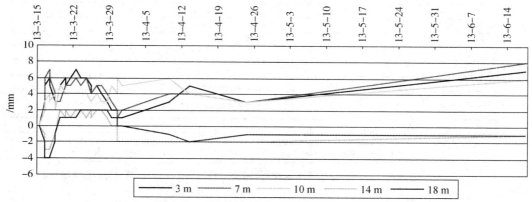

(a) 迎宾1#井—迎宾3#井顶管区间沿线土体分层沉降孔FC132沉降量历时曲线图

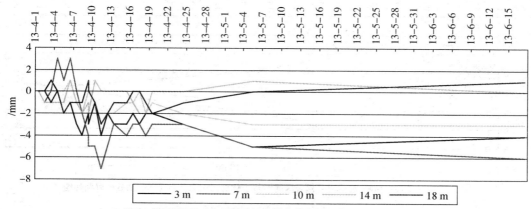

(b) 迎宾1#井—迎宾3#井顶管区间沿线土体分层沉降孔FC138沉降量历时曲线图

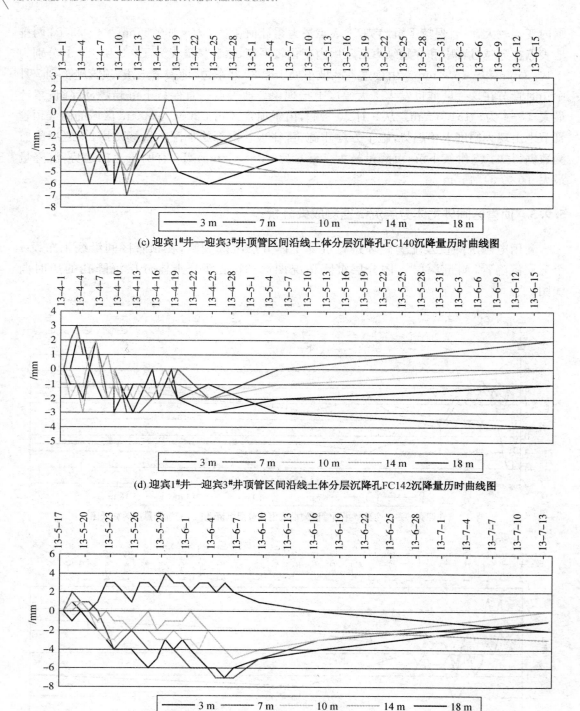

(c) 迎宾1#井—迎宾3#井顶管区间沿线土体分层沉降孔FC140沉降量历时曲线图

(d) 迎宾1#井—迎宾3#井顶管区间沿线土体分层沉降孔FC142沉降量历时曲线图

(e) 迎宾1#井—迎宾3#井顶管区间沿线土体分层沉降孔FC156沉降量历时曲线图

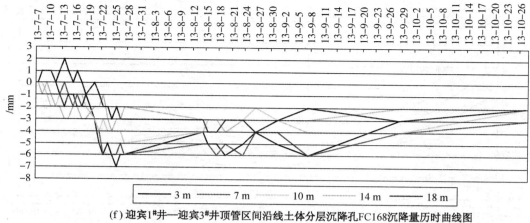

(f) 迎宾1#井—迎宾3#井顶管区间沿线土体分层沉降孔FC168沉降量历时曲线图

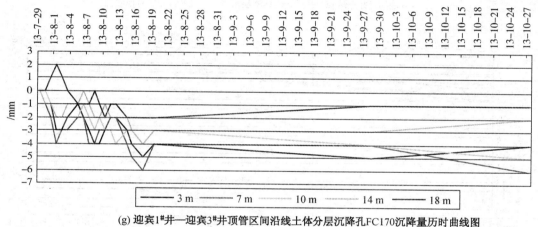

(g) 迎宾1#井—迎宾3#井顶管区间沿线土体分层沉降孔FC170沉降量历时曲线图

图 5-31　迎宾 1# 井—迎宾 3# 井顶管区间沿线地表点垂直位移累计量历时曲线图

从迎宾 1# 井—迎宾 3# 区间沿线土体分层沉降历时曲线图以及结合施工工况来看，本次顶管施工过程中，在穿越施工阶段，土体受施工影响 3～10 m 范围内的土体变化以上抬为主，最大上抬 7 mm，10～18 m 范围内的土体有少量的下沉，最大下沉为 -7 mm，底部土体基本很稳定，在穿越施工过后 7d 内，该区域的土体仍有一定量下沉，但速率平缓，随后土体以向下平缓速率渐趋于稳定。

5.9.4　顶管沿线土体深层水平位移监测成果分析

由于顶管施工的特性，容易导致在对坑外土体沉降监测的同时，还要对进行测斜，观测坑外土体倾斜变形情况。在迎宾 1# 井沉井井体边布置有测斜管 4 个深层土体水平位移。图5-32中（a）（b）（c）（d）（e）（f）（g）是顶管区间沿线土体深层水平位移孔 CX9 各层倾斜情况。

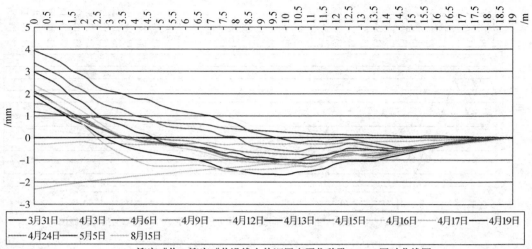

(a) 迎宾1#井—迎宾3#井沿线土体深层水平位移孔CX138历时曲线图

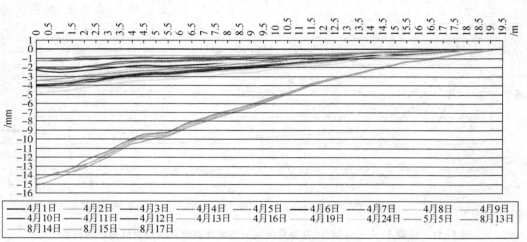

(b) 迎宾1#井—迎宾3#井沿线土体深层水平位移孔CX142历时曲线图

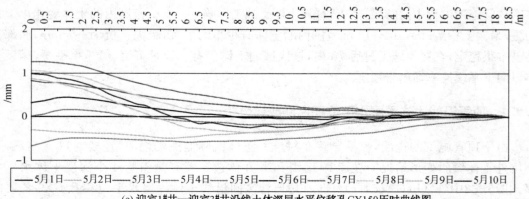

(c) 迎宾1#井—迎宾3#井沿线土体深层水平位移孔CX150历时曲线图

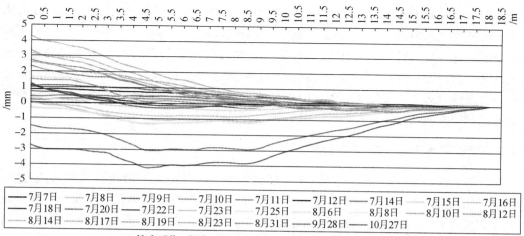

(d) 迎宾1#井—迎宾3#井沿线土体深层水平位移孔CX167历时曲线图

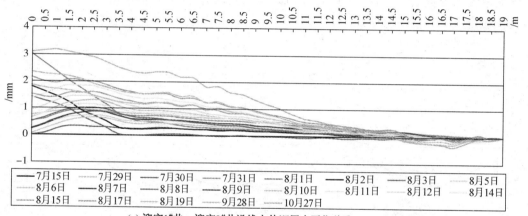

(e) 迎宾1#井—迎宾3#井沿线土体深层水平位移孔CX170历时曲线图

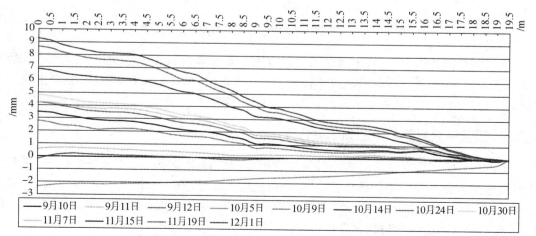

(f) 迎宾1#井—迎宾3#井沿线土体深层水平位移孔CX131-1历时曲线图

图5-32 迎宾1#井—迎宾3#井顶管区间沿线土体深层水平位移历时曲线图

以上顶管区间沿线土体深层水平位移历时曲线图中,深层测斜孔 CX138 和 CX150 水平量累计值正直表示向南位移,负值表示向北位移;CX142,CX167,CX170 及 CX133-1 均为正值表示向北位移,负值表示向南位移。从上面的曲线图可以反映出,顶管顶进到这一区域的测斜管前后,测斜管深层水平位移变化幅度小,处于靠近顶管方向水平位移趋势,日变化速率和总累计量远小于报警值。7 月中旬顶管管节上抬后,位于附近的测斜管不同程度的有向远离顶管方向的水平位移趋势,一直持续到顶管施工结束。

5.9.5　顶管沿线驳岸监测成果分析

在顶管沿线,有许多河流和水体,所以顶管施工不可避免会对沿线水体和河流有影响,上海地区称沿河地面以下保护河岸或阻止河岸崩塌的构筑物为驳岸。同时园林中驳岸是园林工程的组成部分,必须在符合技术要求的条件下具有造型美,并同周围景色协调,对周围环境有重要作用,所以要对顶管沿线的水体和驳岸进行监测。在迎宾 1# 井—迎宾 3# 井顶管区间沿线的河浜驳岸点,布设了 30 个沉降监测点,进行沉降监测。图 5-33 是顶管区间沿线河浜驳岸点沉降量历时曲线图。

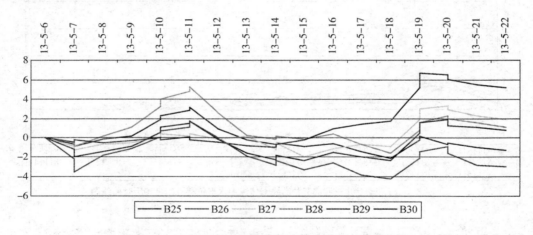

图 5-33　顶管区间沿线河浜驳岸点沉降量历时曲线图

从上面历时曲线图看,整个顶管施工过程中受施工影响很小,整个驳岸比较稳定,最大沉降量为 6.7 mm,其他驳岸监测点累计量为 ±5 mm 不到,顶管施工结束后,驳岸主要以下沉趋势,直到顶管全部结束 3 个月后开始逐渐趋于稳定。

5.9.6　顶管沿线重要节点监测成果分析

本次顶管施工中穿越黄赵路跨线桥和吉隆塑胶厂厂房是施工重点及重要的节,在黄赵路跨线桥和吉隆塑胶厂厂房总计布置有 33 个构筑物监测点,南线顶管自 2013 年 3 月 11 日开始施工,4 月 2 日穿越黄赵路跨线桥,北线顶管自 4 月 9 日穿越黄赵路跨线桥。图 5-34—图 5-36 是顶管区间沿线构筑物沉降量历时曲线图。

根据施工工况以及现场巡视结合监测数据分析,顶管穿越期间,位于此区段的构筑物监测点总体保持下沉趋势,构筑物监测点 F57 最大累计量达到 −9.8 mm。顶管穿越过后由于

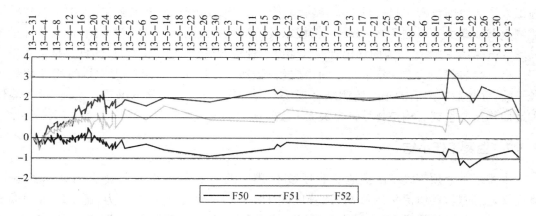

图 5-34 顶管区间沿线构筑物(黄赵路跨线桥)沉降量历时曲线图

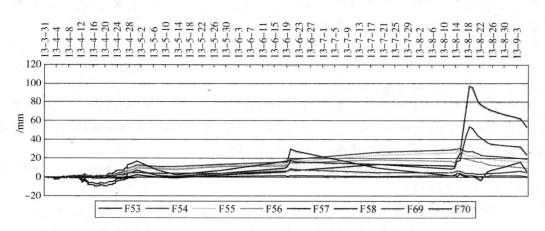

图 5-35 顶管区间沿线构筑物(黄赵路黄楼家具厂)沉降量历时曲线图

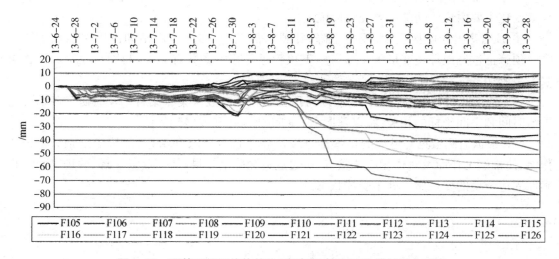

图 5-36 顶管区间沿线构筑物(吉隆塑胶厂)沉降量历时曲线图

施工方注浆原因致变化趋势较平稳,略有上抬。由于受顶管管节上抬影响,黄楼跨线桥桥墩监测点 F51 最大累计量为 3.4 mm。黄楼家具厂构筑物监测点 F57 明显上抬,最大累计量为 95.3 mm,构筑物墙体和地面均出现较大裂缝。北线顶管于 2013 年 6 月 24 日穿越吉隆塑胶厂厂房,南线顶管于 2013 年 7 月 19 日穿越吉隆塑胶厂厂房。穿越过程中构筑物变化趋势较平缓,穿越后从之后的跟踪监测结合现场巡视得知,构筑物变化下沉趋势明显,厂房墙体和地面均出现裂缝。构筑物累计量最大 F122 为 −97.8 mm。

5.9.7　监测工作小结

本排水工程顶管施工区域地处上海郊区,周围湖泊水体众多,建筑物也相对较多,施工难度大,工期紧,环境保护等级高,顶管区间工程难度很大。经各方努力,施工取得圆满成功。通过对某区间隧道上、下行线顶管区间施工全过程(包括顶管施工、同步注浆、二次补浆等)周密的信息化监测,结合监测数据,采用科学的信息化施工流程,保障了顶管工程去软土地区期间周边建(构)筑物及地下管线的正常运行,确保施工期间人民的生命财产安全。

总结本工程第三方监测,可以得到以下结论:

(1) 由于采用合理的施工方案,不断改进施工工法,分段施工,重点突出,化难为易。既保证工程进度,又相对降低了施工难度。

(2) 软土地区顶管施工对地表环境的影响趋势基本为一"盆形"的沉降槽形态,在顶管刚开始影响到断面时,断面有略微抬起的趋势,随顶管的推进断面开始下沉,在盾构离开断面一定距离后经过二次注浆等措施,变形逐步趋于稳定。

(3) 顶管的推进过程对环境的影响可分为 4 个阶段:顶管到达前、顶管通过时、顶管脱出时、顶管离开影响区后。

① 顶管到达前:随着顶管的靠近,土体受到挤压,地表一般表现为隆起。

② 顶管通过时:环境变化主要与推进速度、土仓压力、顶管姿态等因素有关。

③ 顶管脱出时:由于顶管间隙的存在,施工中须采用同步注浆的方式填补顶管间隙。环境变化主要由顶管间隙的填充程度确定。

④ 顶管离开影响区后:水压力下降、孔隙水消散,土体产生固结和次固结引起地表沉降。顶管推进造成环境变形大小除与施工顶管机各相关参数有关外,与同步注浆和二次补浆关系密切。

(4) 施工监测数据的整理分析必须与顶管的施工参数采集相结合。及时研究各监测结果与时间和空间坐标的相关性,以掌握它们的变化规律和发展趋势。

(5) 根据监测数据对继后的顶管推进发出相关技术要求和指令,并传递给顶管推进工作面,使推进工作面及时作相应调整,最后通过监测确定效果,从而反复循环、验证、完善,以确保周边环境的变形始终处于受控状态。

6

工程安全监测技术发展方向

随着科学技术的进步及工程建设事业的蓬勃发展以及相关工程经验的积累,建设工程安全监测技术也在不断发展和提高。未来的工程安全监测领域的发展得益于监测数据的预测预报方法、监测信息化管理系统和基于 BIM 的监测技术。

6.1 监测数据预测预报分析

包括本技术指南所涉及的排水工程在内的重大工程,工程安全施工涉及工程设计、场地地质条件、施工工序等多方面因素,受岩土力学理论、技术和经济条件的限制,目前几乎不可能在设计阶段就准确预测和评估岩土体的基本物理力学性状及其在施工、运行过程中的动态响应。因此,排水建设工程的安全不仅取决于合理的设计、施工,而且取决于贯穿在工程始终的安全监测。监测工作所发挥指导施工作用的关键就是及时对监测资料进行整编分析,包括初步分析和综合分析,对工程施工的状况进行预测预报。

6.1.1 预测预报的价值和困难

上海由于处于漫滩软土地地区,对一些关键的结构变化和周围管线和土体稳定性分析与预测预报一直是排水建设工程中形变监测的重要内容,也是排水工程形变成因分析和沉降预测的重要内容,也是应对各种可能发生的各种隐患做出应对措施的关键依据。对工程各个监测项目的准确预测预报,必然会增加工程施工的主动性,对潜在的工程隐患做出科学决策并采取正确应对措施,避免损失,防患于未然,在排水建设工程中是非常有价值的。

目前,对于软土地区排水工程的变形和沉降的稳定性研究上处于初级阶段,由于排水建设工程中因素的多变性,要真正用某个理论指导下写出的数字表达式来进行预测预报尚需假以时日,目前就是用一个理论公式来预报某一具体工程都难作准。主要原因是有两方面,一方面监测数据中不可避免地带有误差(不管是系统误差还是偶然误差),另外时下能够较好用于工程监测的预测预报模型尚不多见。

科学合理、恰当可行的预测模式是预测结果满足高可靠性,高准确度要求的基本前提。当前,在排水工程领域,还没有提出完善的有关变形和沉降的系统性的预测模型、方法和过程,在一定程度上阻碍了该方面的理论的发展。如果监测数据的预测预报一旦实现,将会对排水建设工程的实施有不可估量的帮助。所以,这一技术难点对工程界有着特殊的魅力,是很多工程师和科学家奋斗的目标。

6.1.2 监测数据预测预报理论

在大范围的排水建设工程中,对于排水工程本身和周围的环境进行监控,监测是基础,分析是手段,预测是目的。小范围的预测预报都是基于对本工程实测数据进行统计加工的基础上进行的,或是在一定的监测数据的基础上,再依托某种概率方法进行的。根据各种工法条件不同,可以使用下面几种常用的方法,进行变形和沉降的预测预报工作。

1. 外推预测法

外推预测法是工程监测预报中用的最多也比较容易实施的方法。外推预测法基于以下这样的假设:第一,假设事物发展过程没有跳跃式变化,即事物的发展变化是渐进型的;第二,假设所研究系统的结构、功能等基本保持不变,即假定根据过去资料建立的趋势外推模型能适合未来,能代表未来趋势变化的情况。

外推预报的一般过程如下:将一段"足够长的"监测数据分别用几种不同形式的常用函数来试算拟合,然后按拟合式的"标准离差"最小者得到某种函数关系;再用此函数外推得其余日期中某指定的日期时的该被监测量的量值,以此量值作为预测值。此方法的关键是参加拟合的数据是否具备了期望的函数关系的充分特征。一般而言,该段数据越长,就越充分,但过长也就冲淡了"预测预报"的意义,其关键是找到一个拟合预报函数的合适时刻。

在传统的变形监测预测中,趋势外推法是一个常用的方法。趋势外推法的基本理论是:决定事物过去发展的因素,在很大程度上也决定该事物未来的发展,其变化,不会太大;事物发展过程一般都是渐进式的变化,而不是跳跃式的变化。掌握事物的发展规律,依据这种规律推导,就可以预测出它的未来趋势和状态。

如地表沉降就会有相对于本项目的相似的变化过程和量值,因此,用前一阶段的典型数值就可以预测预报目前或近期将发生的情况。若某一工艺过程中,某监测量从始到末的历时曲线可遵循某一数字式的规律变化,则可在该工艺进行了一定时间后,用足够的已有实测数据经回归计算得该数学式,并将此式作适当的外推,以进行本阶段短期变化的预测预报。在"变化量—日期"曲线的基础上还可以实现"回归预测"的数据外推短期预报功能。

2. 概率"灰色预报"

一般认为具有物理原型、作用机制明确、因子间的数字表现具有同胚映射关系的系统称为信息完全的系统,即白系统。不具备这些条件的系统称为灰色系。严格地说,"白"是相对的,"灰"是绝对的,这就是所谓的"灰性不灭定律"。由此说来,如果我们将洞室及其围岩视为一个系统的话,那么,这个系统是一个灰色的系统。概率"灰色预报"是针对灰色系统而言的,灰色系统是指那些信息不完全,部分信息已知,部分信息未知的系统。

灰色系统建模(Grey Model, GM)直接将时间序列转化为微分方程,建立抽象系统发展变化的动态模型。由于它是连续的微分模型,可以用来对系统的发展变化做长期预测。一般建模所得到的是原始数据模型,而灰色模型实际是生成数据模型。灰色理论是针对符合光滑离散函数条件的一类数列建模,一般无规律的原始数据作累加生成(AGO)后,可得到光滑离散函数,即有规律的生成数列(递增或递减)。基于光滑离散函数的收敛性与关联空间的极限概念定义灰导数。目前使用最广泛的模型是一个变量、一阶微分的 GM(1, 1)模型。经证明,当原始时间序列隐含着指数变化规律时,灰色 GM(1, 1)的预测将是非常成功的。

GM(1，1)模型的特点：

（1）灰色模型建立的是微分方程型的模型；

（2）灰色理论把随机变量当作是在一定范围内的灰色量，把随机过程当作是在一定幅区和时区变化的灰色过程。采用数据累加生成（AGO）的手段，把杂乱无章的数据整理成较有规律的生成数列再建模；

（3）通过 GM 模型得到的数据必须经过累减生成（IAGO）做还原后才能使用；

（4）GM(1，1)模型可以解决高阶建模；

（5）可以建立残差 GM(1，1)模型，提高预测精度；

（6）可以建立残差检验、后验差检验、关联度检验三种检验方法。

作为数据预报方法，灰色模型预测的思路是：把随时间变化的随机正的数据列，通过适当方式累加，使之变成非负递增的数据列，用适当的方式逼近，以此曲线作为预测模型对系统进行预测。这里使用单一变量的 GM(1，1)模型，该模型要求时序数据是平稳变化的。通常用作预报的模型为 GM(1，1)模型。

工程理论界对预测预报方法的探索一直在进行之中，有的学者利用概率统计学中"灰色预报"的原理，在某些情况下做过围岩失稳的预报工作，并得到了工程数据的印证。

3．时间序列分析预测方法

时间序列分析（简称时序分析）是从具有先后顺序的信息中提取有用信息的一门学科，是一种处理动态数据的参数化分析方法和研究随机过程的重要工具。在社会科学、自然科学和工程技术等领域，许多实际问题的发生和发展往往具有随机性并随时间的推移而具有某种统计规律。在这种情况下，不可能或者难以用一般的解析方法描述其过程。基于"过去的变化规律会持续到未来"的思想，时序分析能够用来分析有序、离散数据序列之间的相互关系，进而建立参数化模型对系统进行描述和分析。从表面上看，时序分析撇开了系统内外存在的因果关系的影响，但事实上，正是在系统内外各种因素作用下产生了目前的数据序列，时间序列分析是从时间这个总的方面来考察各种内外因素的综合作用。当我们所关心的影响因素错综复杂或有关的资料无法得到时，时序分析不失为一个较好的综合方法。

目前，时序分析已经广泛应用于系统辨识、系统分析、模式识别、预测和控制等领域。由一串随机变量 x_1，x_2，x_3 ··· 构成的序列叫作随机序列，用 $\{x_t\}$，$t=1,2,\cdots,N$ 表示如果下标是整数变量，它代表等时间间隔的时刻增长量，我们就称这种随机序列为时间序列。如果序列的一、二阶矩存在，并且对任意时刻 t 满足：①均值为常数；②协方差为时间间隔的函数，则称该序列为宽平稳时间序列；不具有平稳性即序列均值或协方差与时间有关的序列称为非平稳序列。通常的时序分析理论都是针对平稳序列的。进行时序分析的一般步骤为：数据平稳性检验、预处理、模型识别、参数估计、模型适用性检验和预报。

4．派克（Peck）法

目前在隧道施工领域，应用最普遍的隧道施工引起地面沉降经验估计法是由 Peck（1969）提出的，他假定隧道施工引起的早期土体变形为不排水变形，因此地面沉降槽的体积应等于隧道施工引起的地层损失（即开挖体积与隧道壁外缘以内的体积之差，相当于超挖量）。他建议用地面沉降槽的体积与隧道开挖体积的百分比作为地层损失的量度（此比值后来被人称为地层损失率或土壤漏失率）。Peck 从一些现场观测资料发现地面沉陷槽形状可近似用正态分布曲线亦即误差曲线表示。

6.2 监测信息管理与施工指导系统

进入 21 世纪以来,工程安全监测手段的硬件和软件发展迅速,监测范围不断扩大,监测自动化系统、信息处理和资料分析系统、安全预报系统也在不断推出和完善,目前在大坝、隧道、基坑、边坡工程中已经涌现出一些监测软件系统,其中又以大坝工程的系统开发工作最深入。在排水工程方面,第三方监测的监测信息管理与施工指导系统是未来工程建设监测技术的主流,其主要目的是为了利用计算机和网络技术对工程监测信息(无论是人工采集的还是全自动采集的)进行管理和分析处理,得出工程预测预报信息,进而反映工程施工目前的状况,改进工程设计并指导施工。

监测信息管理与施工指导系统组成

关于类似的监测信息管理与施工指导系统其实已经初具模型,孙钧主持的"城市地下工程施工安全的智能预测与控制及其三维仿真模拟系统研究"主要用于预测分析,以 Matlab 为可视化平台,通用性有所欠缺;吴金华等针对地下工程施工安全而开发出监测资料处理系统对监测数据信息管理、有效性检查和处理考虑比较全面,但监测信息的可视化功能较弱;曹金国等基于 Foxpro 编制了隧洞工程监测信息数据库管理系统,用于监测资料的储存和管理,功能比较简单。在商业软件领域,勘察设计软件、有限元分析系统以及基坑支护、边坡加固和桩基设计软件比较常见,但是第一层次的简单系统也有不少,但中间层次的比较缺乏,功能的集成性和完备性不好,不是查询功能较弱,就是预测分析或者可视化水平比较差,未见网络版本应用的报道,并且真正实现商业化的还未见。但是具有完整意义上的施工监测信息管理与施工指导系统还未出现。图 6-1 表示的是监测信息管理与施工指导系统在联系工程监测数据和施工部门和决策部门的桥梁作用。

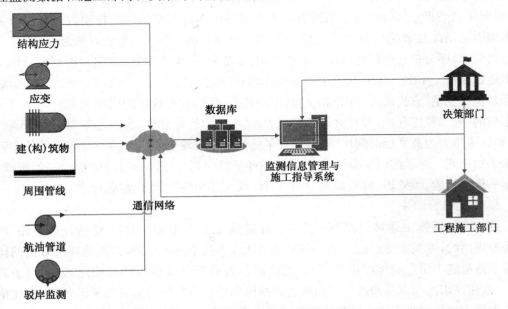

图 6-1 监测信息管理与施工指导系统作用

　　随着工程施工和运行年限的增长,相应的排水工程安全监测数据也在不断地积累,而对所排水工程安全监测信息系统的网络技术开发及其应用研究采集到的监测数据进行及时的整理、计算和分析,不仅工作量随着年限的增长越来越大,而且还有一定的技术难度,因此需要开发一个系统,对采集到的排水工程安全监测数据进行管理和分析处理以满足各级部门的需求,让他们随时可以了解到排水建设工程所处的工作环境条件,以及在相应工作环境条件下的结构反应和安全程度,以便更好地发挥工程的效益。真正意义上的施工监测信息管理与施工指导系统(图6-2)可以分五个层次:①信息管理;②信息分析;③辅助决策;④安全综合评价专家系统;⑤施工指导系统。

　　信息管理的主要功能包括数据库和图形库;信息分析包括数据库、方法库和图形库;辅助决策包括数据库、方法库、知识库和图形库;专家系统包括综合推理机、知识库、数据库、方法库、图库(图形和图像),即"一机四库"。之前有学者提出并开发了建立在"一机四库"基础上的工程建设安全综合评价专家系统,与自动化采集连接,应用模式识别和模糊评判,通过综合推理机,对四库进行综合调用,将定量分析和定性分析结合起来对排水工程安全状态实现在线实时分析和综合评价,对不安全因素(或异常)进行物理成因分析,并提出建议措施供辅助决策,在龙羊峡、佛子岭、水口等水库获得成功应用。

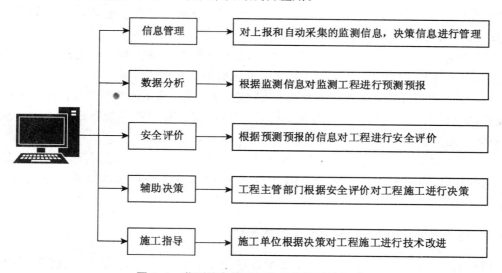

图6-2　监测信息管理与施工指导系统组成

　　系统的主要功能是对排水工程安全监测数据、工程有关信息进行有效的管理,并在此基础上,对各项目的观测成果通过相应的日报表、月报表和年报表形式反映给施工主管部门,使主管领导和技术人员能随时了解到通过排水工程安全监测获得的各种信息,发现安全隐患,便于决策和制定工作方案。此外,该系统可根据监测资料整编规范的要求,对每年观测得到的监测数据和计算成果进行整编;绘制和打印相应的观测值、成果值随时间变化的过程线和沿空间变化的分布图;对主要的效应监测量进行统计分析,建立相应的统计分析数学模型,定量反映各种环境影响因素对它们的影响程度等。

　　随着工程建设经验的不断积累和监测管理信息的不断开发和应用,监测信息管理与施工指导系统会对工程建设产生更大的作用和影响。

6.3 基于 BIM 技术的基坑监测信息化技术

6.3.1 基坑监测信息化管理的现状

传统的基坑变形监测工作方式采用数据表格、二维变形曲线、文字描述的方式编制成监测报告,项目参与方对监测结果集中进行讨论,分析变形是否过大或是否趋于稳定,及时发现问题,及时反馈并分析,确定是否需采取必要的补救、抢救措施,使基坑不发生意外破坏和变形。每天靠人工操作,翻阅大量表页中的成千个数据,得出每个测点的本次变形值和累计变形值,判断风险临界状态。如要知道变形速率,也只能将少量敏感点——描绘出其单点时间变形轨迹,用以分析趋势,然后加以标注决定是否报警。这样做有几大缺陷:①耗时费力,不利于基坑变形的快速判断;②是靠人工大数据阅读,容易疏忽漏读;③无法通览基坑大区段块状侧向变形与受监控管线线状垂直沉降之间的三维空间关系;④更无法直观地看到整个基坑的变形时间趋势,迅速找到危险源。

随着计算机和传感器技术的不断发展,工程和基坑监测技术也逐渐向信息化管理与监测方向发展。我国的基坑监测信息化管理起步较晚,因此目前信息化建设以及管理水平较低,其缺点主要表现在如下几个方面:

(1) 专业技术人员缺少,信息化意识不强,监测机构在基坑监测信息化管理方面资金投入不足,相关技术骨干少,很大程度上制约了基坑监测信息化建设。

(2) 报表和报告信息化处理仍处于人工阶段,施工现场采集的数据主要依赖于 Excel 计算或者其他有计算功能的软件监测进度数据的整理、统计和分析等能力差,耗时长,集成度低,资源不能共享。

(3) 监测结果主要通过纸质文档、电话传真、项目协调会等方式进行信息交换,容易造成沟通的延迟,同时增加了沟通的费用,传递中引起信息缺失和信息偏差,直接影响工作效率。

6.3.2 基于 BIM 的基坑监测信息化技术分析

BIM 技术(建筑信息模型)是数字技术在建筑工程中的直接应用,解决建筑工程在软件中的描述问题,使设计人员和工程技术人员能够对各种建筑设计和施工信息做出正确的应对,并为协同工作提供坚实的基础。建筑信息模型同时又是一种应用于设计、建造、管理的数字化方法,这种方法支持建筑工程的集成管理环境,可以使建筑工程在整个进程中显著提高效率,和最大程度地减少风险。鉴于以上原因将 BIM 技术引入基坑工程监测工作,以解决以往在基坑围护结构变形监测过程中不能直观表现其变形情况和变形趋势的缺点。

通过 BIM 技术将基坑的形状、围护结构、周边环境以及各类监测点建立模型,在模型中导入每天的监测数据并采用 4D 技术(三维模型+时间轴)+变形色谱云图的表现方式,方便工程师、管理人员、业主、施工人员等查看基坑围护结构的变形情况。图 6-3 显示的基坑BIM 模型。

与传统的基坑变形监测技术相比,基于 BIM 技术的基坑监测能够变现出以下优势:

(1)直观表现基坑围护结构的变形情况,通过添加时间轴的 4D 变形动画可以准确判断基坑的变形趋势。

(2)快速定位基坑围护结构的危险点,根据变形趋势及现状及时做出应急预案。

(3)辅助施工管理,非监测专业人员同样可以看懂基坑的变形情况。

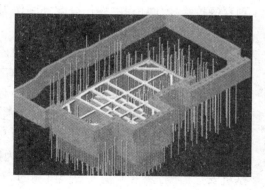

图 6-3 基坑 BIM 模型

(4)结合其他监测数据如水位变化、道路沉降、管线变形、周边建筑物变形等辅助工程师判断基坑变形的原因及主要影响因素。

(5)结合已有的基坑围护结构的变形历史判断未来一段时间的变形趋势,对危险位置提前预警,重点监测,有利于施工管理人员和业主方的工程决策。

BIM 模型的建立是 BIM 应用的基础,BIM 模型的应用才是 BIM 技术的核心,只有对建立的 BIM 模型结合项目特点进行有效的应用才能使 BIM 技术具有生命力,才能使 BIM 技术真正融入项目建设的全过程中。基于 BIM 的基坑 5D 监测应用使基坑建设过程的安全监测依靠可视化手段提高了基坑监测的工作效率,有效地降低了安全监测过程中的人为疏漏。在 BIM 的基础上,采用 AR、VR、Google Glass 等新型呈现技术和移动媒体设备可使项目管理、监理、监测人员对基坑施工过程的安全监控更加有效。

进行基坑变形监测前,首先建立基坑 BIM 模型,该模型应该包含基坑必要的设计信息,如支撑布置、维护结构、桩立柱周围管线等。结合工程基坑监测数据,在 BIM 系统中导入基坑监测数据,数据一般存放在 Excel 表格中,通过读取该数据生成的基坑变形模型。在生成基坑变形模型时,注意把监测数据转换成空间三维坐标的形式,每一个监测点在模型中即是一个空间坐标点,将每一个监测点的空间坐标连接起来就是该监测孔的变形曲线,基坑变形的方向均为基坑围护结构的法线方向。将某时间点的变形模型与初始模型叠合并进行误差检验可以得到该时间点的变形值色谱云图,多个时间点的变形模型通过时间轴串联即可得到基坑变形的导入变形监测数据 4D 模型,其应用流程见图 6-4。

针对不同情况、不同位置、不同条件下处置现场情况的触发机制,可以使监测员按上海市建筑工程安全质量管理条例的规定快速观看险情,快速调取应急预案,快速按预案中的复测操作动画进行复测。经过复测证实险情后,直接按模型中显示的报警电话号码语音拨打报警电话进行报警,然后再按系统中

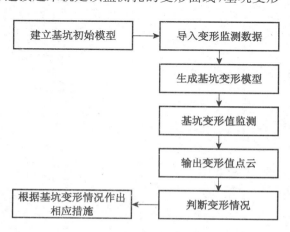

建立基坑初始模型 → 导入变形监测数据 → 生成基坑变形模型 → 基坑变形值监测 → 输出变形值点云 → 判断变形情况 → 根据基坑变形情况作出相应措施

图 6-4 基于 BIM 的基坑监测数据处理流程

预存的抢险操作规程的操作分解动画作为指导,第一时间协同各参与方进入抢险工作状态,确保施工和抢修过程安全有序开展。

采用基坑变形监测技术对设计阶段已经建立的模型进行拓展应用,使基坑变形监测工作更加方便、快捷,能准确而快速地提取出变形敏感点和危险点,因而使基坑监测人员能在第一时间发现基坑变形的危险点及危险程度,对是否启动应急预案及应急预案的选择都有着极大的帮助,并且能使基坑监测和管理人员在繁杂地翻阅报表的工作中解放出来。基于基坑监测技术的应用使基坑建设过程的安全监测依靠可视化手段提高了基坑监测的工作效率,有效地降低了安全监测过程中的人为遗漏。上海保利大厦基坑监测应用 BIM 技术进行基坑安全监测,探索了基坑安全监测的新方法,为 BIM 技术在基坑工程建设全过程的应用提供了具有实用价值的参考。

6.3.3 基于 BIM 的监测信息化新技术的应用前景

不仅在基坑监测,在其他的工程监测的过程中,每一步测量都会产生大量的数据信息,海量信息中包含着项目进展的丰富内容,是管理人员实施监测管理的重要依据。基于 BIM 的信息化管理新技术的应用可以让管理者们不必再翻阅纸质报表,仅仅需要带一部手机,或者平板电脑就可以在现场调取所有监测点并能掌握整个基坑的变形情况,打破了常规监测信息化管理的方法,将计算机技术以及新的信息管理技术应用于基坑监测中,不仅将监测成果更直观地表现出来,而且对整个监测成果有整体的分析和处理,使管理人员,尤其是非专业的管理人员更容易的了解基坑的安全情况以及基坑未来的变形趋势。

新技术充分发挥了工程监测的作用,实现各类监测数据和信息快速准确的分析与反馈,实现监测成果在各部门之间的共享与沟通,以及对各类数据和相关信息的综合管理。在此基础上进行深层次的分析与处理,指导施工实践与优化工程设计同时,也便于各参建单位以及建设行政主管部门的监管,其应用前景将会越来越广泛。

附　录

附录 A　　　竖向位移和水平位移监测日报表样表

工程名称：＿＿＿＿＿＿＿＿＿　　　天气：＿＿＿＿　第＿＿次

观测者：＿＿＿＿＿　计算者：＿＿＿＿＿　校核者：＿＿＿＿＿　测试日期：＿＿＿＿＿

点号	竖向位移/mm		水平位移/mm		备注
	本次	累计	本次	累计	
说明					
工况					

注：本报表适用于竖向位移和水平位移项目的监测。
　　应视工程及测点监测情况，定期画出典型测点的变化曲线

监测单位：＿＿＿＿＿＿＿＿

附录 B　　　　深层侧向变形(测斜)监测日报表样表

工程名称：_____　　　　　　　天气：_____　第___次

观测者：_____　计算者：_____　校核者：_____　测试日期：_____

深度/m	累计位移量/mm			本 次变化量/mm
	月　日	月　日	月　日	
0.0				
0.5				
1.0				
1.5				
2.0				
2.5				
3.0				
3.5				
4.0				
4.5				
5.0				
5.5				
6.0				
6.5				
7.0				
7.5				
8.0				
8.5				
9.0				
9.5				
10.0				
10.5				
11.0				
11.5				
12.0				
12.5				
13.0				
13.5				
14.0				
说明	"+"表示向基坑内位移，"-"表示向基坑外位移			
施工工况				

测点编号：

位移量/mm　　　　　　　　　　坑内方向

深度/m

监测单位：_____

附录 C　　　　应力、土压力、孔隙水压力监测日报表样表

工程名称：＿＿＿＿＿＿＿＿　　　　　天气：＿＿＿＿＿　第＿＿＿次

观测者：＿＿＿＿＿　计算者：＿＿＿＿＿　校核者：＿＿＿＿＿　测试日期：＿＿＿＿＿

组号	点号	深度/m	本次应力/kPa	上次应力/kPa	本次变化/kPa	累计变化/kPa	备注
说明	应注明测点埋设位置，朝向等要素，数据的单位及正负号分别代表的物理意义；如果该测点超过报警值，应在备注中说明。如果测点的状态被压或者被毁也应在备注中说明。						
工况							

注：本日报表适用于围护墙应力、土压力、孔隙水压力项目的监测。
　　应视工程及测点变形情况，定期附典型测点的数据变化曲线

监测单位：＿＿＿＿＿＿＿＿＿

附录 D   内力监测日报表样表

工程名称：＿＿＿＿＿＿＿＿＿＿＿   天气：＿＿＿＿＿ 第＿＿＿次

观测者：＿＿＿＿＿＿   计算者：＿＿＿＿＿＿   校核者：＿＿＿＿＿＿   测试日期：＿＿＿＿＿

构件内力成果表

点号	本次内力/kPa	上次内力/kPa	变化量/kPa	备注

构件轴力成果表

点号	本次轴力/kN	上次轴力/kN	变化量/kN	备注

说明	应注明测点埋设位置,朝向等要素,数据的单位及正负号分别代表的物理意义;如果该测点超过报警值,应在备注中说明。如果测点的状态被压或者被毁也应在备注中说明。
工况	

注:1. 本日报表使用于构件内力、轴力项目的监测;

   2. 应视工程及测点变形情况,定期附典型测点的数据变化曲线图

监测单位：＿＿＿＿＿＿＿＿＿＿

附录 E   裂缝监测日报表样表

工程名称:_____   天气:_____   第____次

观测者:_____ 计算者:_____ 校核者:_____   测试日期:_____

点 号	本次观测值/mm	裂缝变化量/mm		点 号	本次观测值/mm	裂缝变化量/mm	
		本次变化	累计变化			本次变化	累计变化
说明	裂缝变化量中:"+"表示裂缝变宽,"-"表示裂缝变窄。						
工况							

监测单位:_____

附录 F 地下水位监测日报表样表

工程名称：_____　　　　天气：_____　第____次

观测者：_____　计算者：_____　校核者：_____　测试日期：_____

点　号	初始高程 /m	上次高程 /m	本次高程 /m	水位变化量/mm	
				本次变化	累计变化
说　明	1. 水位标高为吴淞高程系； 2. 变化量中："＋"表示水位上升，"－"表示水位下降				
工　况					

监测单位：_____

注：1. 本日报表使用于地下水位项目的监测；
　　2. 应视工程及测点变形情况，定期附典型测点的数据变化曲线图。

附录 G　　　分层沉降/坑底隆起(回弹)监测日报表样表

工程名称：_____　　　　　天气：_____　第____次

观测者：_____　计算者：_____　校核者：_____　测试日期：_____

点号	磁环编号	初始标高/m	上次标高/m	本次标高/m	位移变化量/mm	
					本次变化	累计变化
说明	1. 磁环标高为吴淞高程系； 2. 变化量中："＋"表示水位上升，"－"表示水位下降					
工况						

监测单位：_____

注：1. 本日报表使用于分层竖向位移、坑底隆起(回弹)项目的监测；

　　2. 应视工程及测点变形情况，定期附典型测点的数据变化曲线图。

附录 H 　　　　　　　　　　　轴力监测日报表

工程编号：＿＿＿＿＿＿＿＿　　单体名称：＿＿＿＿＿＿＿＿　　　　　　　第＿＿次

仪器型号/编号：＿＿＿＿＿＿＿＿＿＿　　　　　　　　观测日期：＿＿＿年＿月＿日

点　号	初始轴力 /(kN·kPa⁻¹)	本次轴力 /(kN·kPa⁻¹)	轴力变化量/(kN·kPa⁻¹)		备注
			本次变化	累计变化	
说　明					
监测点布置示意图					
备　注					

附录 I　　　监测点分类及代码表

序号	监测对象		代码	监测属性	适用表格
1	围护体	围护墙顶部位移	QD	垂直、水平位移	位移监测日报表
2		围护墙体测斜	CX	墙体测斜	测斜监测日报表
3		支撑轴力	ZL	支撑轴力	轴力监测日报表
4		立柱垂直位移	LZ	垂直位移	位移监测日报表
5	土体	地表沉降及位移	DB	垂直、水平位移	位移监测日报表
6		土体测斜	TX	土体测斜	测斜监测日报表
7		分层沉降	FC	分层沉降	分层沉降监测日报表
8		地下水位	SW	地下水位	水位监测日报表
9		土压力	TY	土压力	—
10		孔隙水压力	KY	孔隙水压力	—
11	建构筑物	建筑物沉降	FW	垂直位移	位移监测日报表
12		建筑物倾斜	QX	倾斜	—
13		建筑物裂缝	LF	裂缝	—
14		桥梁及立柱	QL	垂直、水平位移	位移监测日报表
15		驳岸	BA	垂直、水平位移	位移监测日报表
16	地下管线	给水管线监测	JS	垂直、水平位移	位移监测日报表
17		信息管线监测	XX	垂直、水平位移	位移监测日报表
18		燃气管线监测	RQ	垂直、水平位移	位移监测日报表
19		电力管线监测	DL	垂直、水平位移	位移监测日报表
20		雨污水管线监测	YW	垂直、水平位移	位移监测日报表
21		航油管线监测	HY	垂直、水平位移	位移监测日报表
22		原水管线监测	YS	垂直、水平位移	位移监测日报表

附录 J　　　　　　现场安全巡视表

第三方监测单位现场巡视表

编号：_____

工程名称			项目编号		
施工部位		天气		第三方监测单位	
巡视内容	存在问题的描述	原因分析	可能导致后果	安全状态评价（正常、黄色、橙色、红色预警）	处置措施建议
巡视员	___年___月___日		项目负责人	___年___月___日	

备注：1. 本表由第三方监测单位采用；
　　　2. 主要巡视内容包括：①开挖面地质状况：土层性质及稳定性、降水效果和其他情况；②支护结构体系：支护体系施作及时性、渗漏水情况、支护体系开裂、变形变化和其他情况；③周边环境：坑边超载、地表积水及截排水措施、建构筑物变形及开裂情况、地表变形及开裂情况、管线沿线地面开裂、渗水、塌陷情况、管线检查井开裂及积水变化和其他情况

参 考 文 献

[1] 中华人民共和国住房与城乡建设部. GB 50497—2009　建筑基坑工程监测技术规范[S]. 北京：中国计划出版社,2009.

[2] 中国工程建设标准化协会. CECS 246:2008　给水排水工程顶管技术规程[S]. 北京：中国计划出版社,2008.

[3] 中华人民共和国住房与城乡建设部. GB 50268—2008　给水排水管道工程施工及验收规范[S]. 北京：中国建筑工业出版社,2009.

[4] 中华人民共和国建设部. GBJ 141—90 给水排水构筑物施工及验收规范[S]. 北京：中国建筑工业出版社,1990.

[5] 中华人民共和国住房与城乡建设部. GB 50007—2011 建筑地基基础设计规范[S]. 北京：中国建筑工业出版社,2012.

[6] 中国有色金属工业协会. GB 50026—2007　工程测量规范[S]. 北京：中国计划出版社,2008.

[7] 中华人民共和国建设部. JGJ 8—2007　建筑变形测量规范. [S]. 北京：中国建筑工业出版社,2007.

[8] 中华人民共和国住房与城乡建设部. JGJ 120—2012　建筑基坑支护技术规程[S]. 北京：中国建筑工业出版社,2012.

[9] 上海市建设委员会. DBJ 08-220—96　市政排水管道工程施工及验收规程[S]. 上海：上海市建设交通委科技委审核,1996.

[10] 上海市建设委员会. DBJ 08-224—96　市政排水构筑物工程施工及验收规程[S]. 上海：上海市建设交通委科技委审核,1996.

[11] 上海市城乡建设和交通委员会. DG/TJ 08-61—2010　基坑工程技术规范[S]. 上海：上海市勘察设计、行业协会,2010.

[12] 上海市城乡建设和交通委员会. DGJ 08-37—2002　岩土工程勘察规范[S]. 上海：上海市工程建设标准化办公室,2003.

[13] 上海市城乡建设和交通委员会. DGJ 08-11—2010　地基基础设计规范[S]. 北京：中国建筑工业出版社,2010.

[14] 上海市城乡建设和交通委员会. DG/TJ 08-2001—2006　基坑工程施工监测规程[S]. 上海：上海市建设和交通委员会,2006.

[15] 上海市城乡建设和交通委员会. DG/TJ 08-308—2002　埋地塑料排水管道工程技术规程[S]. 上海：上海市建设和交通委员会,2002.

[16] 上海市城乡建设和交通委员会. DG/TJ 08-2110—2012　城镇排水工程质量验收规程[S]. 上海：上海市建设交通委科技委,2012.

[17] 中华人民共和国住房与城乡建设部. GB 50268—2008　给水排水管道工程施工及验收规范[S]. 北京：中国建筑工业出版社,2009.

[18] 上海市城乡建设和交通委员会.DG/TJ 08-40—2010 地基处理技术规范[S].上海:上海市建设交通委科技委,2010.

[19] 中华人民共和国国家质量监督检验检疫总局,中国国家标准化管理委员会.GB/T 12897—2006 国家一、二等水准测量规范[S].北京:中国标准出版社,2006.

[20] 中华人民共和国建设部.GB 50021—2001 岩土工程勘察规范[S].北京:中国建筑工业出版社,2001.

[21] 中华人民共和国国家质量监督检验检疫总局,中国国家标准化管理委员会.GB/T 3409—2008 钢筋计[S].北京:中国标准出版社,2008.

[22] 中华人民共和国国家质量监督检验检疫总局,中国国家标准化管理委员会.GB/T 3411—2009 孔隙水压力计[S].北京:中国标准出版社,2009.

[23] 中华人民共和国国家质量监督检验检疫总局,中国国家标准化管理委员会.GB/T 3408—2008 应变计[S].北京:中国标准出版社,2008.

[24] 陈永奇,吴子安,吴中如.变形监测分析与预报[M].北京:测绘出版社,1997.

[25] 陈翔.变形监测信息管理及施工安全预警系统的设计和应用[D].长沙:中南大学,2007.

[26] 黄声享,尹晖,蒋征.变形监测数据处理[M].武汉:武汉大学出版社,2003.

[27] 刘大杰,陶本藻.实用测量数据处理方法[M].北京:测绘出版社,2000.

[28] 陈永奇,吴子安,吴中如.变形监测分析与预报[M].北京:测绘出版社,1998.

[29] 朱建军,贺跃光,曾卓乔.变形测量的理论与方法[M].长沙:中南大学出版社,2004.

[30] Zhan Hongmei. Land Subsidence Analysis And Calculation Caused By Pipe Jacking Construction[J]. Underground Space And Engineering Learned Journal,2008.

[31] 段良策,殷奇.沉井设计与施工[M].上海:同济大学出版社,2006.

[32] 余彬泉,陈传灿.顶管施工技术[M].北京:人民交通出版社,1998.

[33] Liu Hui. Challenges in a Long-distance Pipe Jacking and Solutions in China[J]. International Conference on Materials Engineering for Advanced Technologies(ICMEAT2011),2011,(5).

[34] 魏纲,陈春来,余剑英.顶管施工引起的土体垂直变形计算方法研究[J].岩土力学,2007,28(3):619-624.

[35] 徐宇.顶管施工引起的地表变形分析及对策[J].广东建材,2011,(5):95-97.

[36] 绳结竑,魏纲,郭志威.顶管工作井后背土抗力计算方法研究综述[J].市政技术,2009,27(6):581-584.

[37] 房营光,莫海鸿,张传英.顶管施工扰动区土体变形的理论与实测分析[J].岩石力学与工程学报,2003,22(4):601-605.

[38] Sun Y. Predictionof Lateral Displacement of Soil Behind the Reaction Wall Caused by Pipe Jacking Operation[J]. Tunnelling And Underground Space Technology,2014(2).

[39] 黄声享,李志成.工程建筑沉降预测的非等间距灰色建模[J].地理空间信息,2004,2(1):41-43.

[40] 何伟,李明,董惠珍.GM(1,1)在航道驳岸沉降监测中的应用[J].河南城建学院学报,2013,22(3):32-36.

[41] 冯锦明,李炳芳.灰色预测模型在建筑物沉降监测中的应用[J].地矿测绘,2008,24(2):7-9.

[42] 米钟霞.顶管施工工艺在排水工程中的应用[D].上海:同济大学,2003.

[43] 李硕,王涵.浅析市政给排水工程顶管技术的应用[J].城市建设理论研究,2013,(33).

[44] 李小锋,孟庆,张苑茹.机械顶管施工技术在城市排水工程中的应用要点分析[J].中华民居,2012,(2):448-449.

[45] 黄建彬.顶管技术在给排水施工中应用[J].中国新技术新产品,2012,(6):58.

[46] 罗筱波,周健.多元线性回归分析法计算顶管施工引起的地面沉降[J].岩土力学,2003,24(1):130-132.

[47] Zhang Y L, Zhang Y H. Land Subsidence Prediction Method of Power Cables Pipe Jacking Based on the Peck Theory[J]. Advances In Chemical, 2013,(634-638):3721-3724.

[48] 上海市建设工程安全质量监督总站.软土地区城市轨道交通工程施工监测技术应用指南[M].上海:同济大学出版社,2010.

彩
图
部
分

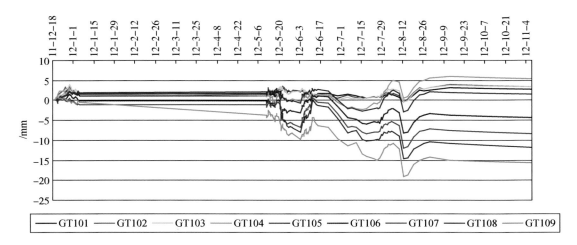

图 5-11　迎宾 1# 井中美日光缆垂直位移累计量历时曲线图

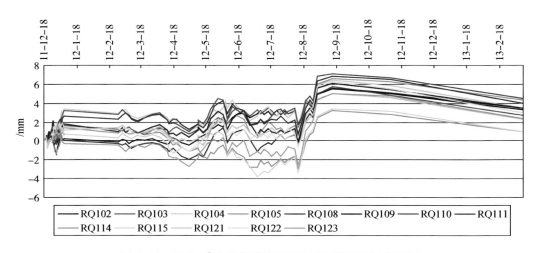

图 5-12　迎宾 1# 井燃气管线垂直位移累计量历时曲线图

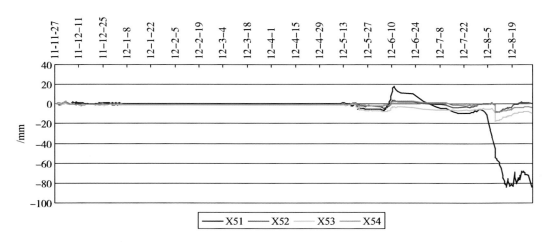

图 5-13　迎宾 1# 井信息管线垂直位移累计量历时曲线图

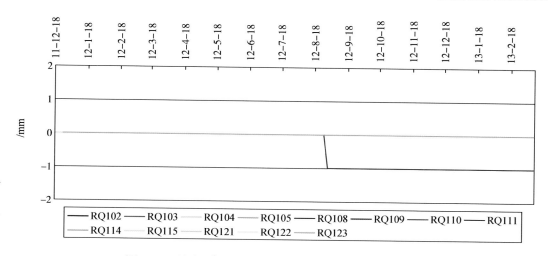

图 5-14　迎宾 1# 井燃气管线水平位移累计量历时曲线图

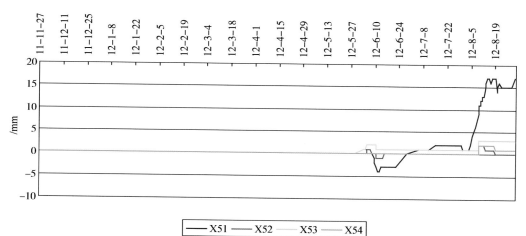

图 5-15　迎宾 1# 井信息管线水平位移累计量历时曲线图

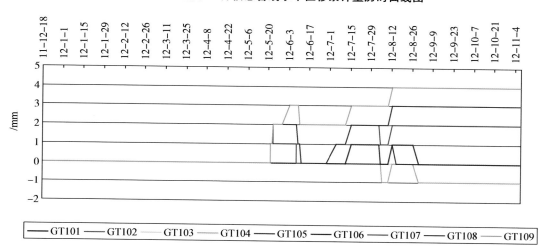

图 5-16　迎宾 1# 井中日美管光缆水平位移累计量历时曲线图

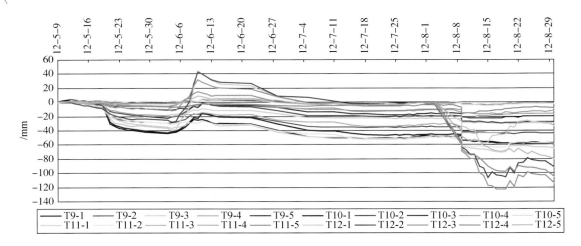

图 5-17　迎宾 1# 井体周边地表剖面点沉降历时曲线图

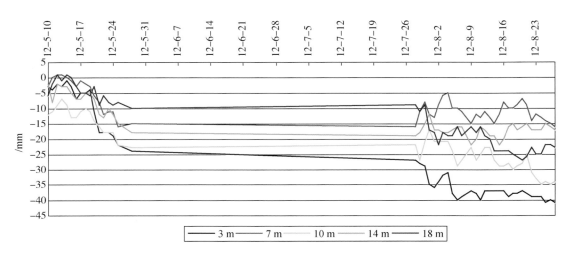

图 5-18　FC09 土体分层沉降孔各层土体沉降历时曲线图

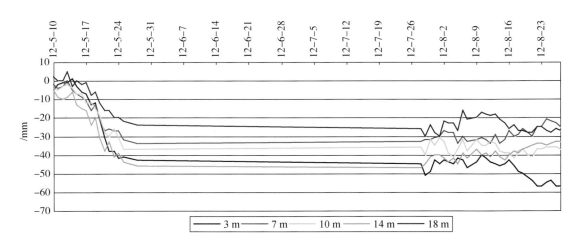

图 5-19　FC09 土体分层沉各层土体降孔历时曲线图

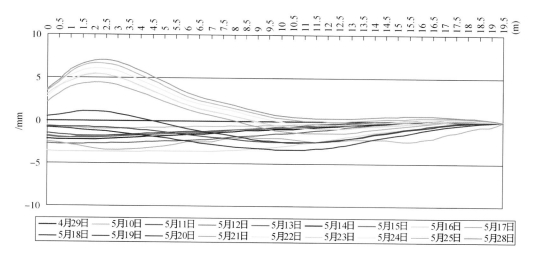

图 5-20　迎宾 1# 井土体深层水平位移孔 CX9 历时曲线图

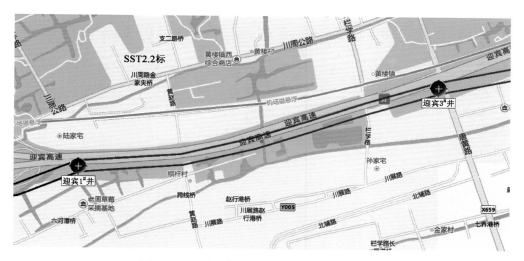

图 5-21　迎宾 1# 井—迎宾 3# 井顶管区间工程

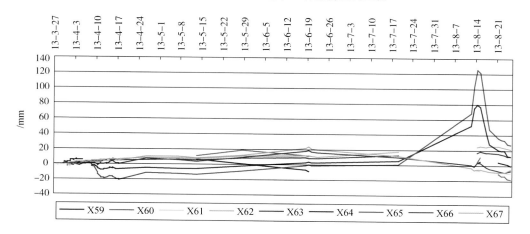

图 5-22　迎宾 1# 井—迎宾 3# 井顶管区间信息管监测点垂直位移累计量历时曲线图(1)

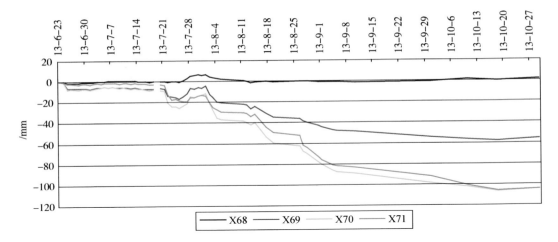

图 5-23 迎宾 1# 井—迎宾 3# 井顶管区间信息管监测点垂直位移累计量历时曲线图(2)

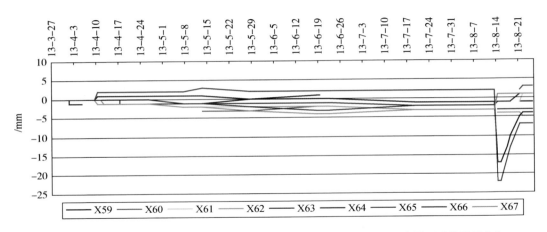

图 5-24 迎宾 1# 井—迎宾 3# 井顶管区间信息管监测点水平位移累计量历时曲线图(1)

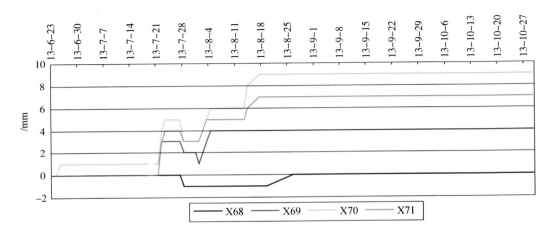

图 5-25 迎宾 1# 井—迎宾 3# 井顶管区间信息管监测点水平位移累计量历时曲线图(2)

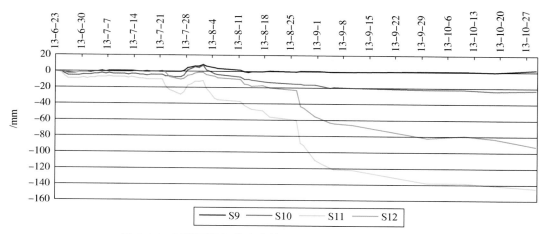

图 5-26　顶管区间沿线上水管垂直位移累计量历时曲线图

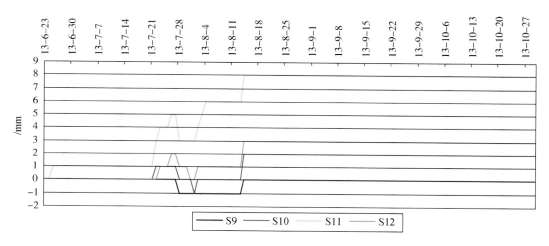

图 5-27　顶管区间沿线上水管水平位移累计量历时曲线图

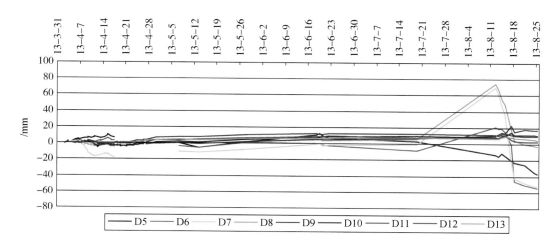

图 5-28　顶管区间沿线部分电力管线垂直位移累计量历时曲线图

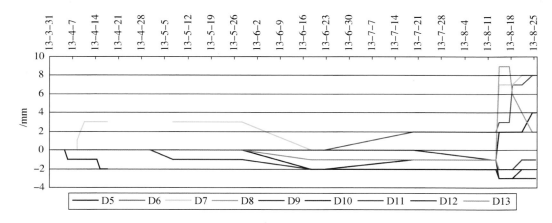

图 5-29　顶管区间沿线部分电力管线水平位移累计量历时曲线图

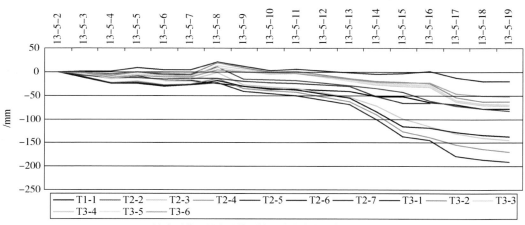

(a) 迎宾1#井—迎宾3#井顶管沿线地表点垂直位移累计量历时曲线图-1

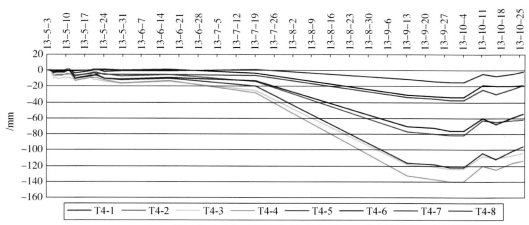

(b) 迎宾1#井—迎宾3#井顶管沿线地表点垂直位移累计量历时曲线图-2

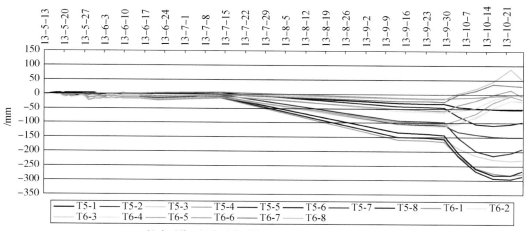

(c) 迎宾1#井—迎宾3#井顶管区间沿线地表点垂直位移累计量历时曲线图-3

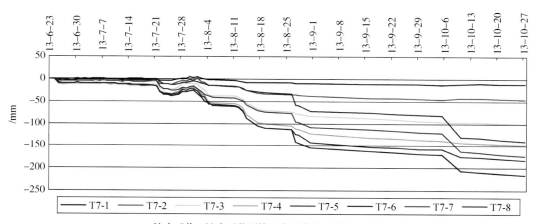

(d) 迎宾1#井—迎宾3#井顶管沿线地表点垂直位移累计量历时曲线图-4

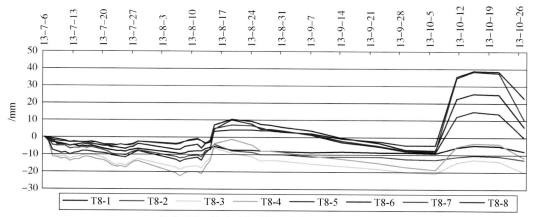

(e) 迎宾1#井—迎宾3#井顶管沿线地表点垂直位移累计量历时曲线图-5

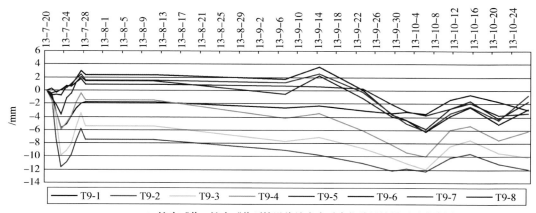

(f) 迎宾1#井—迎宾3#井顶管沿线地表点垂直位移累计量历时曲线图-6

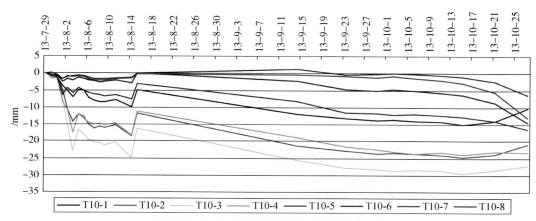

(g) 迎宾1#井—迎宾3#井顶管沿线地表点垂直位移累计量历时曲线图-7

图 5-30　迎宾 1# 井—迎宾 3# 井顶管区间沿线地表点垂直位移累计量历时曲线图

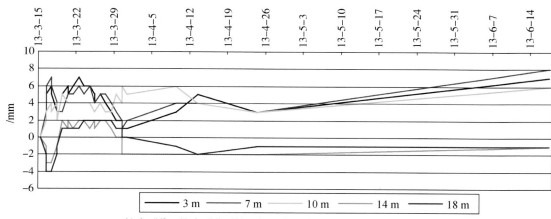

(a) 迎宾1#井—迎宾3#井顶管区间沿线土体分层沉降孔FC132沉降量历时曲线图

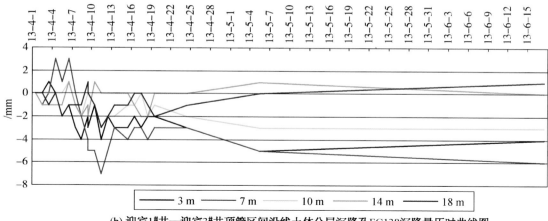

(b) 迎宾1#井—迎宾3#井顶管区间沿线土体分层沉降孔FC138沉降量历时曲线图

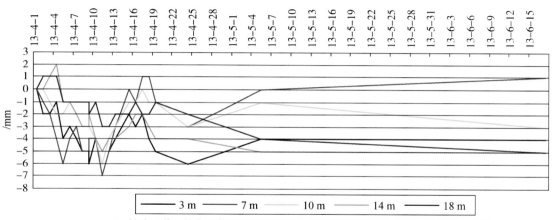

(c) 迎宾1#井—迎宾3#井顶管区间沿线土体分层沉降孔FC140沉降量历时曲线图

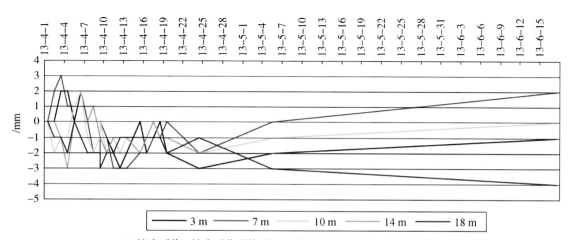

(d) 迎宾1#井—迎宾3#井顶管区间沿线土体分层沉降孔FC142沉降量历时曲线图

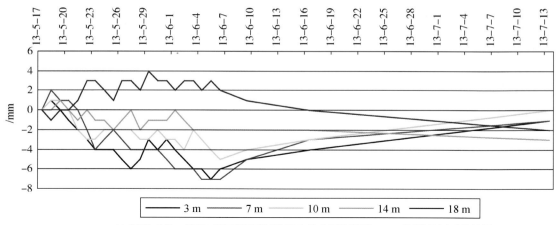

(e) 迎宾1#井—迎宾3#井顶管区间沿线土体分层沉降孔FC156沉降量历时曲线图

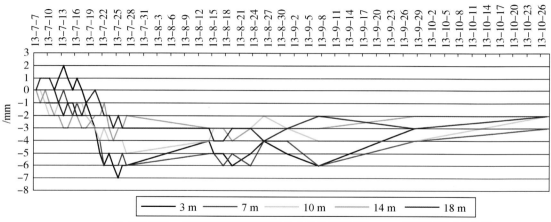

(f) 迎宾1#井—迎宾3#井顶管区间沿线土体分层沉降孔FC168沉降量历时曲线图

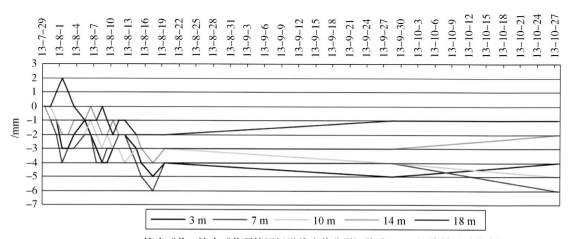

(g) 迎宾1#井—迎宾3#井顶管区间沿线土体分层沉降孔FC170沉降量历时曲线图

图 5-31 迎宾 1# 井—迎宾 3# 井顶管区间沿线地表点垂直位移累计量历时曲线图

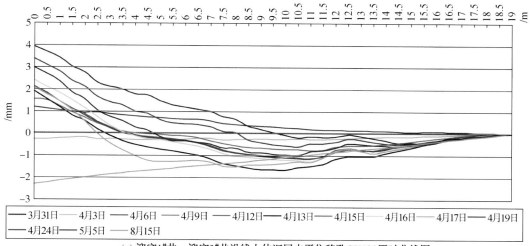

(a) 迎宾1#井—迎宾3#井沿线土体深层水平位移孔CX138历时曲线图

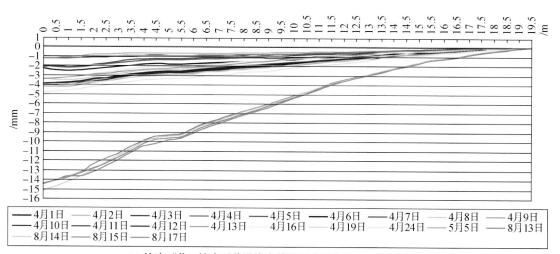

(b) 迎宾1#井—迎宾3#井沿线土体深层水平位移孔CX142历时曲线图

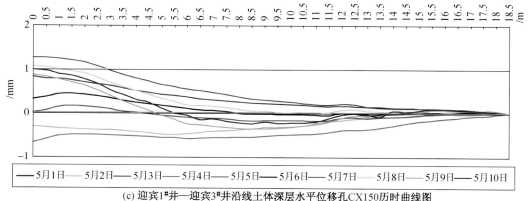

(c) 迎宾1#井—迎宾3#井沿线土体深层水平位移孔CX150历时曲线图

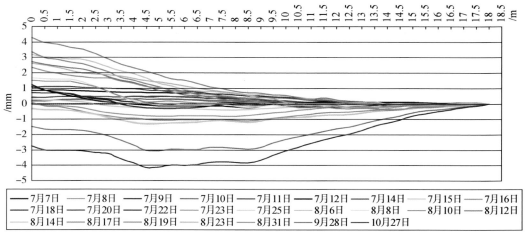

(d) 迎宾1#井—迎宾3#井沿线土体深层水平位移孔CX167历时曲线图

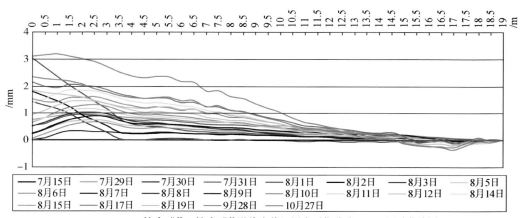

(e) 迎宾1#井—迎宾3#井沿线土体深层水平位移孔CX170历时曲线图

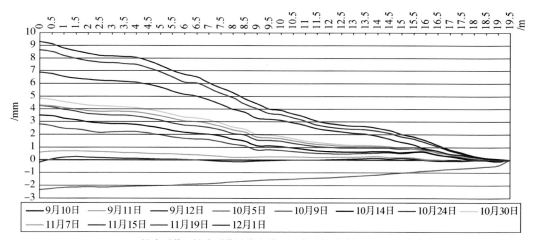

(f) 迎宾1#井—迎宾3#井沿线土体深层水平位移孔CX131-1历时曲线图

图 5-32　迎宾 1# 井—迎宾 3# 井顶管区间沿线土体深层水平位移历时曲线图

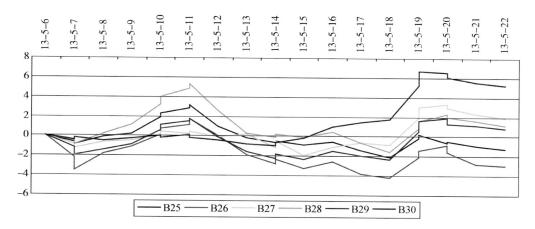

图 5-33 顶管区间沿线河浜驳岸点沉降量历时曲线图

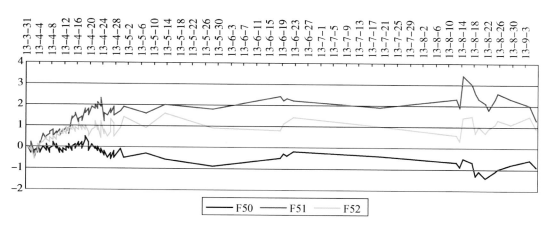

图 5-34 顶管区间沿线构筑物(黄赵路跨线桥)沉降量历时曲线图

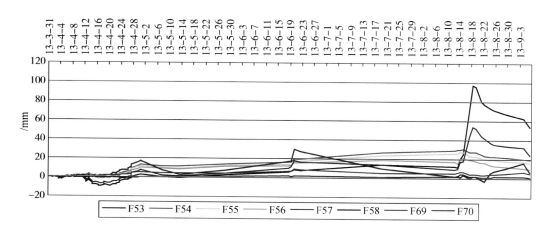

图 5-35 顶管区间沿线构筑物(黄赵路黄楼家具厂)沉降量历时曲线图

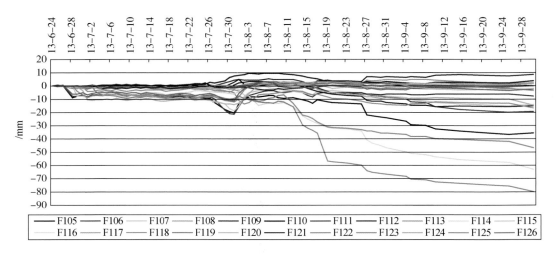

图 5-36　顶管区间沿线构筑物(吉隆塑胶厂)沉降量历时曲线图